DIANNAO RUMEN SHIYONG JIAOCHENG

电脑入门实用教程

吴东林　刘彩红　主编

西北工业大学出版社

【内容简介】 本书是学习电脑基础知识、掌握电脑基本操作技能的入门教材。内容包括电脑初识、指法练习和识字输入、网络初识、电脑办公及数码设备、计算机的日常维护和常用工具软件等。本书可作为高等职业教育相关课程的教材，也可供有关人员参考。

图书在版编目(CIP)数据

电脑入门实用教程/吴东林，刘彩红主编．—西安：西北工业大学出版社，2016.7(2022.2 重印)
ISBN 978-7-5612-4981-9

Ⅰ.①电… Ⅱ.①吴…②刘… Ⅲ.①电子计算机—教材 Ⅳ.①TP3

中国版本图书馆 CIP 数据核字(2016)第 179983 号

出版发行：西北工业大学出版社
通信地址：西安市友谊西路 127 号 邮编：710072
电　　话：(029)88493844 88491757
网　　址：www.nwpup.com
印 刷 者：陕西宝石兰印务有限责任公司
开　　本：787 mm×1 092 mm 1/16
印　　张：7
字　　数：165 千字
版　　次：2016 年 7 月第 1 版 2022 年 2 月第 3 次印刷
定　　价：25.00 元

前　言

本书是学习电脑基础知识、掌握电脑基本操作技能的入门教材。内容包括电脑初识、指法练习和汉字输入、网络初识、电脑办公与数码设备、计算机的日常维护和常用工具软件等，是初学者迫切需要掌握的知识。

全书分为6个项目，各项目内容概括如下：

项目一：电脑初识，主要介绍电脑类型、组成及使用电脑的不良习惯和解决办法。

项目二：指法练习和汉文输入，主要介绍键盘使用、常用输入法、五笔输入法和拼音输入法的练习。

项目三：网络初识，主要介绍网络基础知识，如何使用浏览器，网络资源搜索及使用，网络购物等。

项目四：电脑办公与数码设备，主要介绍常用办公软件及打印机的使用，数码设备的使用等。

项目五：计算机的日常维护，介绍电脑硬软件的维护及安全，病毒的防治等。

项目六：常用工具软件。多媒体软件的介绍以及日常生活中使用频率较高的应用软件。

全书在社会调研基础上，注重社会需求性，力争实用性，真正实现教材由以知识体系为主向以技能体系为主的跨越，力求教学过程对接工作过程，充分体现“做中学，做中教”“做、学、教”一体化的职业教育教学特色。

本书由漯河食品职业学院吴东林、刘彩红任主编。具体编写分工：吴东林编写项目一，刘彩红编写项目二，王琴编写项目三，舒晓斌编写项目四，张冬涛编写项目五，刘奇付编写项目六，最后由吴东林和刘彩红统稿审定。王黎和李红军两位同志在本书编写过程中也做了大量工作并提出宝贵意见，本书同时也得到了漯河食品职业学院詹跃勇书记和李五聚院长大力支持，在此表示感谢。编写本书曾参阅了相关文献、资料，在此谨向其作者表示感谢。

由于笔者水平有限，书中错误或不妥之处，敬请广大读者指正。

编　者

2016年5月

目　录

项目一　电脑初识

项目概述

电脑已经走进千家万户，电脑的使用者越来越多，本项目主要介绍电脑相关基础知识。

项目列表

- 电脑类型。
- 电脑的组成。
- 使用电脑的不良习惯及解决方法。

项目重点

- 掌握电脑的类型。
- 了解电脑的组成。
- 熟悉使用电脑的不良习惯及解决方法。

项目目标

- 能够准确地认识电脑的类型。
- 熟悉电脑的组成。
- 熟悉使用电脑的不良习惯并掌握解决方法。

任务一　电脑类型

电脑及相关技术的迅速发展带动电脑类型也不断分化，形成了各种不同种类的电脑。按照电脑的结构原理可分为模拟电脑、数字电脑和混合式电脑。按电脑用途可分为专用电脑和通用电脑。较为普遍的是按照电脑的运算速度、字长、存储容量等综合性能指标，可分为巨型机、大型机、中型机、小型机、微型机。但是，随着技术的进步，各种型号的电脑性能指标都在不断地改进和提高，以致于过去一台大型机的性能可能还比不上今天一台微型电脑。按照巨、大、中、小、微的标准来划分电脑的类型也有其时间的局限性，因此电脑的类别划分很难有一个精确的标准。在此可以根据电脑的综合性能指标，结合电脑应用领域的分布将其分为以下五大类。

1. 高性能电脑

高性能电脑也就是俗称的超级电脑，或者以前说的巨型机。目前国际上对高性能电脑的最为权威的评测是世界电脑排名（即 TOP500），通过测评的电脑是目前世界上运算速度和处理能力均堪称一流的电脑。我国生产的曙光 4000A、联想深腾 6800 都进入了排行榜，这标志着我国高性能电脑的研究和发展取得了可喜的成绩。在 2004 年公布的全球高性能电脑 TOP500 排行榜中，曙光 4000A 以 11 万亿次/s 的峰值速度和 80 610 亿次/s Linpack 计算值位列全球第 10 位，如图 1-1 所示。至此，中国已成为继美国、日本之后第 3 个具有进入世界前 10 位高性能电脑的国家。

2. 微型电脑

大规模集成电路及超大规模集成电路的发展是微型电脑得以产生的前提。通过集成电路技术将电脑的核心部件运算器和控制器集成在一块大规模或放大规模集成电路芯片上，统称为中央处理器（Central Processing Unit，CPU）。中央处理器是微型电脑的核心部件，是微型电脑的心脏。目前微型电脑已广泛应用于办公、学习、娱乐等社会生活的方方面面，是发展最快、应用最为普及的电脑。我们日常使用的台式电脑、笔记本电脑、掌上型电脑等都是微型电脑，如图 1-2 所示。

图 1-1

图 1-2

3. 工作站

工作站是一种高档的微型电脑，通常配有高分辨率的大屏幕显示器及容量很大的内部存储器和外部存储器，主要面向专业应用领域，具备强大的数据运算与图形、图像处理能力，如图 1-3 所示。工作站主要是为满足工程设计、动画制作、科学研究、软件开发、金融管理、信息服务、模拟仿真等专业领域而设计开发的同性能微型电脑。

图 1-3

需要指出的是，这里所说的工作站不同于电脑网络系统中的工作站概念，电脑网络系统中的工作站仅是网络中的任何一台普通微型机或终端，只是网络中的任一用户节点。

4.服务器

服务器是指在网络环境下为网上多个用户提供共享信息资源和各种服务的一种高性能电脑，在服务器上需要安装网络操作系统、网络协议和各种网络服务软件，如图 1－4 所示。服务器主要为网络用广提供文件、数据库、应用及通信方面的服务。

5.嵌入式电脑

嵌入式电脑是指嵌入到对象体系中，实现对象体系智能化控制的专用电脑系统。嵌入式电脑系统是以应用为中心，以电脑技术为基础，并且软硬件可裁剪，适用于应用系统对功能、可靠性、成本、体积、功耗有严格要求的专用电脑系统。它一般由嵌入式微处理器、外围硬件设备、嵌入式操作系统以及用户的应用程序等 4 个部分组成，用于实现对其他设备的控制、监视或管理等功能。例如，我们日常生活中使用的电冰箱、全自动洗衣机、空调、电饭煲、数码产品等都采用嵌入式电脑技术。如图 1－5 所示。

图　1－4　　　　图　1－5

普通用户使用多是微型通用电脑（简称微机），又称个人电脑（Personal Computer，PC）。它们有台式机（Desktop Computer）、笔记本电 脑（Notebook Computer）、一体机（All-in-One Computer，又称便携机）和上网本（Netbook）的区别，如图 1－6 所示。

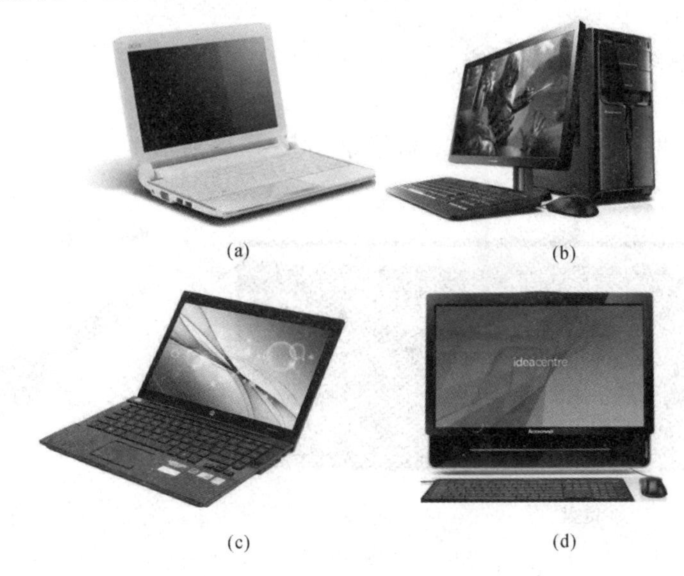

(a)　(b)　(c)　(d)

图　1－6

(a)上网本；　(b)台式机(兼容机/组装机)；　(c)笔记本；　(d)电脑一体机

目前大家使用最多的仍是台式机，按组装形式的不同，可分为品牌机和兼容机两大类。

品牌机是由厂家组装硬件、安装软件，经过 测试后整体出售的，主要优点是稳定性好、售后 服务有保障。兼容机由用户选购硬件自行组装，主要优点是硬件选择范围大、性价比较高。

任务二　电脑组成

电脑组成有两部分：硬件和软件。

一、电脑硬件

电脑硬件主要分为以下5部分。

(1)控制器(Control)：它是整个电脑的中枢神经，其功能是对程序规定的控制信息进行解释，根据其要求进行控制，调度程序、数据、地址，协调电脑各部分工作及内存与外设的访问等。

(2)运算器(Datapath)：运算器的功能是对数据进行各种算术运算和逻辑运算，即对数据进行加工处理。

(3)存储器(Memory)：存储器的功能是存储程序、数据和各种信号、命令等信息，并在需要时提供这些信息。

(4)输入(Input system)：输入设备是电脑的重要组成部分，输入设备与输出设备合称为外部设备，简称外设。输入设备的作用是将程序、原始数据、文字、字符、控制命令或现场采集的数据等信息输入到电脑。常见的输入设备有键盘、鼠标器、光电输入机、扫描仪、磁盘机、光盘机等。

(5)输出(Output system)：输出设备同样是电脑的重要组成部分，它把电脑的中间结果或最后结果、机内的各种数据符号及文字或各种控制信号等信息输出出来。微机常用的输出设备有显示终端CRT、打印机、激光印字机、绘图仪及磁带、光盘机等。

CPU＝控制器＋运算器。

主板＝I/O总线，输入输出系统。

存储器＝内存＋硬盘。

I/O设备：键盘，鼠标，扫描仪，显示器等等，如图1-7所示。

键盘　　鼠标

图 1-7

扫描仪　　数字化仪

续图　1－7

二、电脑软件

电脑软件总体分为系统软件和应用软件两大类。

1. 系统软件

系统软件是负责管理电脑系统中各种独立的硬件，使得它们可以协调工作。系统软件使得电脑使用者和其他软件将电脑当作一个整体而不需要顾及到底层每个硬件是如何工作的。

一般来讲，系统软件包括操作系统和一系列基本的工具，比如编译器，数据库管理，存储器格式化，文件系统管理，用户身份验证，驱动管理，网络连接等。

具体包括以下 4 类：

(1)各种服务性程序，如诊断程序、排错程序、练习程序等；

(2)语言程序，如汇编程序、编译程序、解释程序；

(3)操作系统；

(4)数据库管理系统。

2. 应用软件

应用软件是为了某种特定的用途而被开发的软件。它可以是一个特定的程序，比如一个图像浏览器；也可以是一组功能联系紧密，可以互相协作的程序的集合，比如微软的 Office 软件；还可以是一个由众多独立程序组成的庞大的软件系统，比如数据库管理系统。

应用软件可以细分的种类就更多了，如工具软件、游戏软件、管理软件等等。较常见的有：文字处理软件如 WPS、Word、信息管理软件、辅助设计软件如 AutoCAD、实时控制软件如极域电子教室、教育与娱乐软件等。

软件开发是根据用户要求建造出软件系统或者系统中的软件部分的过程。软件开发是一项包括需求捕捉，需求分析，设计，实现和测试的系统工程。

软件一般是用某种程序设计语言来实现的。通常采用软件开发工具可以进行开发。

任务三　使用电脑的不良习惯及解决方法

在使用电脑的时候可能在不知不觉中会养成一些不良的习惯，这些习惯对你的电脑或多或少地会造成一些损害，对照一下你有哪些不良的习惯，如果有，建议您尽快的改正。

1. 不良习惯之——大力敲击回车键

这个恐怕是人所共有的通病了，因为回车键通常是我们完成一件事情时，最后要敲击的一个键，大概是出于一种胜利的兴奋感，每个人在输入这个回车键时总是那么大力而爽快地敲击。本人的多个键盘就是这样报废的，最先不看见字的是 AWSD(呵呵，心知肚明)，最先不能使用的按键却是 Enter。

★解决办法：解决方法有两个，第一是控制好你的情绪，第二是准备好你的钱包。我选第二个，有时候好心情是钱买不来的，你呢？

2. 不良习惯之——在键盘上面吃零食，喝饮料

这个习惯恐怕是很普遍了，我看到很多人都是这样的，特别是入迷者更是把电脑台当成饭桌来使用。我想你要是拆一回你的键盘，也许同样的行为就会减少的，你可以看到你的键盘就像水积岩一样，为你平时的习惯，保留了很多的“化石”，饭粒、饼干渣、头发等等比比皆是，难怪有人说：公用机房里的键盘比公厕还脏。同时这样的碎片还可能进入你的键盘里面，堵塞你键盘上的电路，从而造成输入困难。饮料的危害就更加厉害了，一次就足以毁灭你的键盘。就是你的键盘侥幸没有被毁灭，恐怕打起字来，也是粘粘糊糊很不好过。

★解决方法：避免在键盘上吃东西，要不然买一个防水的 PHILIPS 键盘，然后每过一段时间就给他打扫卫生，擦澡(虽然这样还是很脏的)；你要是腰包更加饱的话，可以考虑半年换一个键盘(我从来不建议用差的键盘，那可是关乎健康的问题)试试，应该情况会好一些。还有记得给你房间买一个饭桌。

3. 不良习惯之——光碟总是放在光驱里(还有看 DVD 时，暂停后出去玩或吃饭)

很多人总是喜欢把光碟放在光驱里，特别是 CD 碟，其实这种习惯是很不好的。光碟放在光驱里，光驱会每过一段时间，就会进行检测，特别是刻录机，总是在不断地检测光驱，而高倍速光驱在工作时，电机及控制部件都会产生很高的热量，为此光驱厂商们一直在努力地想办法解决。

虽然现在已有几种方法能将光驱温度控制在合理的范围内，但如果光驱长时间处于工作状态，那么，即使再先进的技术也无法有效控制高温的产生。热量不仅会影响部件的稳定性，同时也会加速机械部件的磨损和激光头的老化。所以令光驱长时间工作，实在是不智之举，除非你想把你的光碟和光驱煮熟。

★解决方法：尽量把光碟上的内容转到硬盘上来使用，比如把 CD 转化为 MP3。如果你是一个完美主义者，那就用虚拟光驱的形式管理你的常用 CD 碟吧；游戏则尽量使用硬盘版的；大多数光碟版的游戏，都可以在网上找到把光碟版转化为硬盘版的软件；不然就同样采用虚拟光驱的形式。网上有很多虚拟光驱可以下载，怕麻烦的话可以用国产的《东方光驱魔术师 3》《VirtualDrive7.0》，界面很简单，而且没有了英文的问题，很好上手。

4. 不良习惯之——用手摸屏幕

其实无论是 CRT 或者是 LCD 都是不能用手摸的。电脑在使用过程中会在元器件表面积聚大量的静电电荷。最典型的就是显示器在使用后用手去触摸显示屏幕，会发生剧烈的静电放电现象，静电放电可能会损害显示器，特别是脆弱的 LCD。

另外，CRT 的表面有防强光、防静电的 AGAS(Anti－GlareAnti－Static)涂层，防反射、防静电的 ARAS(Anti－ReflectionAnti－Static)涂层，用手触摸，还会在上面留下手印，不信你从侧面看显示器，就能看到一个个手印在你的屏幕上，难道你想帮公安局叔叔们的忙，提前提

取出伤害显示器“凶手”的指纹吗？同时，用手摸显示器，还会因为手上的油脂破坏显示器表面的涂层。

LCD 显示器比 CRT 显示器脆弱很多，用手对着 LCD 显示屏指指点点或用力地戳显示屏都是不可取的，虽然对于 CRT 显示器这不算什么大问题，但 LCD 显示器则不同，这可能对保护层造成划伤、损害显示器的液晶分子，使得显示效果大打折扣，因此这个坏习惯必须改正，毕竟你的 LCD 显示器并不是触摸屏。

★解决方法：在你的显示器上贴一个禁止手模的标志，更不能用指甲在显示器上划道道；想在你的屏幕上“指点江山”，就去买一个激光指定笔吧。强烈的冲击和振动更应该避免，LCD 显示器中的屏幕和敏感的电器元件如果受到强烈冲击会导致损坏；显示器清洗应当在专门的音像店里买到相应的清洗剂，然后用眼镜布等柔软的布轻轻擦洗。

5. 不良习惯之——一直使用同一张墙纸或具有静止画面的屏保

无论是 CRT 或者是 LCD 的显示器，长时间显示同样的画面，都会使得相应区域的老化速度加快，长此下去，肯定会出现显示失真的现象。要是你有机会看看机房里的电脑，你就会发现，很多上面已经有了一个明显的画面轮廓。何况人生是多姿多彩的，何必老是看同一副画面呢？

★解决措施：每过一定的时间就更换一个主题，最好不要超过半年。平时较长时间不用时，可以把显示器关掉。要是你没有这样的习惯，可以在显示属性的屏幕保护那里设定好合适的时间，让 WINDOWS 帮你完成。

6. 不良习惯之——把光碟或者其他东西放在显示器上

显示器在正常运转的时候会变热。为了防止过热，显示器会吸入冷空气，使它通过内部电路，然后将它从顶端排出。不信你现在摸摸你放在上面的光碟，是不是热热的像烙饼？若你总是把光碟或纸张放在显示器上，更加夸张的是让你家猫咪冬天时在上头蜷着睡觉，当显示器是温床，就会让热气在显示器内部累积。那么色彩失真、影像问题、甚至坏掉都会找上你的显示器。

★解决办法：如果想让显示器保有最好的画质，以及延长它的寿命，赶快叫醒你的猫咪，让它到别处去睡吧。并把你的“烙饼”收到光碟袋里去。

7. 不良习惯之——拿电脑主机来垫脚

如果想要杀死你的台式电脑，那么开车带它去越野兜风，或是背着它去爬山、蹦迪，那样会更快一些；你的这种方法震动太小了，要比较长的时间才能出成绩。如果你愿意坚持下去，估计取得的第一个成绩就是产生一个归西的是硬盘吧，死因是硬盘坏道。

★解决方法：将你把脚架在电脑上的照片作为你的桌面，看看那个姿势有多难看，这样你就不会把脚再次伸向主机；要不然就把你的电脑发票贴在显示器上，看着发票上的金额，你应该不会无动于衷吧。如果上面的方法都不能制止你的行为，就该考虑去买一个带有脚扣的椅子了。

8. 不良习惯之——给你的电脑抽二手烟

就像香烟、雪茄或微小烟粒会伤害你的肺一样，烟也可能会跑进电脑内部并危及资料。烟雾也可能会覆盖 CD－ROM、DVD 驱动器的读取头，造成读取错误。烟头烟灰更有可能使得打印机和扫描仪质量大大的下降。

★解决方法：要保护系统和你自己的最佳方式，就是不要抽烟。如果你就是戒不掉抽烟这个习惯电脑，那就到外面去抽，或在电脑四周打开空气清新器吧！当然更不要把你的键盘当烟灰缸用。

9. 不良习惯之——不扫描和整理硬盘

经常看到很多人的硬盘里充满了错误和碎片，总是觉得很不好受，其实那些东西不但会使得电脑系统出错的几率加大，还有可能让电脑系统变的很慢，甚至无法运行。其实很好理解这样的坏处，就像房间东西到处扔，有的缠在一起，有的甚至损坏了，当然找起东西来效率很低，碰到缠住的，还要先解开，有的甚至找到了也用不了，因为他们是坏的。

10. 不良习惯之——不用卸载，而是直接删除文件夹

很多的软件安装时会在注册表和 SYSTEM 文件夹下面添加注册信息和文件，如果不通过软件本身的卸载程序来卸载的话，注册表和 SYSTEM 文件夹里面的信息和文件将永远残留在里面。它们的存在将会使得你的系统变得很庞大，运行效率越来越低下，超过你的忍耐限度，就不得不重装你的系统了。

★解决办法：在删除程序时，应当到控制面板中的“删除/添加”程序中去执行（做一个快捷方式在桌面上就方便多了），或者在开始菜单栏中找到程序目录里的删除快捷方式，通过它来删除程序。还有就是尽量使用绿色免安装的软件。

11. 不良习惯之——关了机又马上重新启动

经常有人一关机就想起来光碟没有拿出来，或者还有某个事情没有完成等等。很多人反应迅速，在关闭电源刚刚完成就能想起来，然后就伸出手来开机；更有 DIY 好手，总是动作灵敏，关机 10 秒钟处理完故障，重新开机；殊不知这样对电脑危害有多大。

首先，短时间频繁脉冲的电压冲击，可能会损害电脑上的集成电路；其次，受到伤害最大的是硬盘，现在的硬盘都是高速硬盘，从切断电源到盘片完全停止转动，需要比较长的时间。如果盘片没有停转，就重新开机，就相当于让处在减速状态的硬盘重新加速。长此下去，这样的冲击一定会使得你的硬盘一命归西的。

★解决办法：关机后有事情忘了做，也就放下他；一定要完成的，请等待 1 分钟以上再重新开机，要不就在机子没有断开电源的时候按下机箱上的热启动键。要是你以上的方法都做不到，为了你爱机的健康，建议你在电脑桌上系一个绳子，以便用来绑住你的手 1 分钟以上。

12. 不良习惯之——频繁的刷新

程序运行慢的时候，适当刷新一下，这样可以加快速度，但是频繁的刷新（特别是按 F5 般的强行刷新），就像不停的对硬盘读写，对硬盘的损害不亚于不停的对硬盘格式化。

13. 不良习惯之——程序运行时粗鲁地移动主机

有时候我们需要插个 U 盘或者耳塞，需要移动一下主机，但有些人不太在意保护电脑，粗鲁的把主机拖来拖去。程序运行时，硬盘在高速运转，突然的移动，会使硬盘的磁头和盘片发生剧烈摩擦，其损害程度可想而知。

14. 不良习惯之——软件被默认安装到系统盘

在进行电脑操作的时候，最基础的当然是软件的安装，如果你安装软件时全部选择下一步，然后点完成就搞定了，那么恭喜你，系统盘将在不久之后被装满，系统将会非常慢，并且有可能因此而崩溃。一般来说，不论是下载的软件还是自已拿光盘进行安装，系统都会默认安装在 C 盘，也就是系统盘，系统盘空间不足会导致许许多多的问题。

15. 不良习惯之——安装杀毒软件不升级

在这个病毒横行的时代，杀毒软件是必不可少的，而且要能定期升级，两三天不升级没有什么，如果长期不能升级病毒库，那安装杀毒软件和没有安装一样。安装什么样的杀毒软件并不重要，重要的是能升级。注意不要把主杀毒软件和防火墙混淆，两者不能互相完全代替，最好都能安装。

16. 不良习惯之——用一组帐号密码"打遍天下"

你的开机密码，E-mail，QQ，UC，iCloud，Facebook，LinkedIn，YouTube，Youmaker 或各式线上购物网站等，是不是全都使用同一组帐号和密码？你知道吗？万一黑客入侵你的电脑，那你就没有任何秘密了。

17. 不良习惯之——密码使用数年，甚至数 10 年未换过

如果你的电子邮箱密码或是其他电脑应用程序，从开始设置一直到现在从没更换过，强烈建议赶快换个新密码。一般科技公司因资讯安全考量，都会强制规定员工在 1 至 3 个月内更新重要密码。

安全帐号与密码的设定方法：

根据美国网路安全专家 Steve Gibson 的研究，平均不到 3 秒钟，黑客就可极容易地破解 8 位密码。在他的 grc. com 网站提到，在黑客大规模的攻击下，破解时间的计算结果如下：

1)密码若是纯字母(如：thetruth)，大规模的黑客攻击破解时间只要 0.00217s；

2)如果密码中的纯字母有了大小写的区别(如：TheTruth)之后，就增加到 0.545s；

3)若是在密码中加进数字，也就是密码是由大小写字母和数字组成(如：The8r8th)，那么被破解的时间就长一点是 2.2s；

4)密码若是由大小写字母、数字和特殊符号构成(如：The8r8th!)，那黑客需花 1.77h 来破解。

所以，设定安全性强的密码、并且定期变更密码，是保护帐号免于被黑的最有效方法。

18. 不良习惯之——从不做档案备份

谁都无法保证电脑永远不会死机或是资料数据不会丢失，所以做好备份很重要。万一哪天电脑坏了、遗失或是重要档案误删无法挽回，至少手边还有备份档案，多年来的努力不会在一夕之间全部消失。建议你可以准备 1 至 2 个外接式硬盘(External Disk)，现在市面上卖的容量一般是 1TB 或是 2TB，然后将电脑中的所有档案都存至这 1 个或是 2 个外接式硬盘中。做好万全的备份，就能将资料遗失的风险降至最低。

19. 不良习惯之——从不重新启动电脑或是关机

还记得上次关机的时间吗？如果你从不关机，总是让电脑处于休眠或是待命的状态，虽然不会对电脑造成什么严重的伤害，却会让电脑的速度愈来愈慢。养成定期关机，或是不时重新启动电脑的好习惯。毕竟电脑是部机器，机器也需要休息。偶尔想到的时候，也要关机，让它休息休息。

20. 不良习惯之——不良习惯会损害眼睛

(1)关灯看电视电脑。有一些人平时在看电视或用电脑时喜欢把旁边的灯都关了，只剩下屏幕上发出的亮光。这样是不对的，这时光线对比度会特别高，眼睛特别容易感到疲劳，时间长了，就会影响视力甚至损害眼睛。

(2)专注电脑不眨眼。有的人在使用电脑工作时，眼睛注视时间太长，过于关注，眼睛眨也

不眨。这样眼睛容易干燥，时间长了会有异物感，流泪，甚至视物模糊。眨眼实际上是眼睛防止角膜干燥的方法，因此成年人在对着电脑工作时一定要注意1～2个小时就要休息，让眼睛闭上休息几分钟，可以得到有效的缓解。

(3)眼睛干了滴眼药水。由于对着电脑时间太长，有些人就已经习惯了每天携带一瓶眼药水，觉得眼睛干了就滴一滴，几乎每隔半小时就要滴一次，自以为这样是保护了眼睛。然而眼科医生指出，这样其实对眼睛不好，一般药都有副作用，眼睛干了偶尔用一用眼药水是可以的，但长期用就会有副作用产生，会对角膜上皮有伤害。眼睛休息还是应该尽量靠对眼睛的放松来进行，如到窗边远眺15分钟，或是做做运动。

21.不良习惯之——电脑与空调、电视机等家用电器使用相同的电源插座

这是因为带有电机的家电运行时会产生尖峰、浪涌等常见的电力污染现象，会有可能弄坏电脑的电力系统，使你的系统无法运作甚至损坏。同时他们在启动时，也会和电脑争夺电源，电量的小幅减少的后果是可能会突然令你的系统重启或关机。

★解决方法：为了你的电脑不挨饿或者是吃的“食物(电力)”不干净，首先应使用品质好的电脑开关稳压电源，如长城等品牌。其次，对于一些电力环境很不稳定的用户，建议购买UPS或是稳压电源之类的设备，以保证为电脑提供洁净的电力供应。还有就是优化布线，尽量减少各种电器间的影响。

22.不良习惯之——开机箱盖运行

开机箱盖运行一看就知道是DIY们常干的事情。的确开了机箱盖，是能够使得CPU凉快一些，但是这样的代价是以牺牲其他配件的利益来实现的。因为开了机箱盖，机箱里将失去前后对流，空气流将不再经过内存等配件，最受苦的是机箱前面的光驱和硬盘们，失去了对流，将会使得他们位于下部的电路板产生的热量变成向上升，不单单散不掉，还用来加热自己，特别是刻录机，温度会比平时高很多。

项目二　指法练习和汉字输入

项目概述

当前，常见的计算机键盘皆采用标准英文键盘，不论是以拼音方式输入还是以字形方式输入，都是利用英文键盘来实现的。对于英文打字，无论是对照书面文稿打字，或是凭口述方式听打，还是自己边打腹稿边随想打字，都是采取直接形式打，不存在重新学习编码的问题，而只需要指法熟练，操作起来就既方便又轻松。但是，一般汉字并不能在26个英文字母键帽上直接打出，要先通过输入代码才可以，而且原则上还有重码选择、词语输入、联想处理等问题。因此，学好计算机英文键盘的击键指法，将会为汉字的键盘输入奠定很好的基础。

项目重点

- 熟练掌握指法，进行盲打练习。
- 测试打字速度。
- 掌握其中一种输入法。

任务概述

最科学和最合理的打字方法是盲打法，即打字时双目不看键盘，视线专注于文稿和屏幕。这就要求在掌握正确击键指法的基础上，还要多做打字练习，可结合相关打字软件辅助练习，同时注重测试打字速度，提高练习效率，学会盲打。

任务一　指法练习

任务重点

- 掌握正确的打字姿势。
- 掌握正确击键指法。

任务实施

1. 打字姿势和击键指法

(1)摆好正确的姿势。初学键盘输入时，首先必须注意的是击键的姿势，如果初学时的姿势不当，就不能做到准确快速地输入，也容易疲劳，正确的姿势应该是：

1)腰背应保持挺直而向前微倾，身体稍偏于键盘右方，全身自然放松。

2)应将全身重量置于椅子上，座椅要调节到便于手指操作的高度，使肘部与台面大致平行，两脚平放，切勿悬空，下肢宜直，与地面和大腿形成90°直角。

3)上臂自然下垂，上臂和肘靠近身体，两肘轻轻贴于腋边，手指微曲，轻放于规定的基本键位上，手腕平直。人与键盘的距离，可通过移动椅子或键盘的位置来调节，以调节到人能保持正确的击键姿势为佳。

4)显示器宜放在键盘的正后方，与眼睛相距不少于50cm，输入原稿前，先将键盘右移5cm，再将原稿紧靠在键盘左侧放置，以便阅读。

(2)熟练掌握打字的基本键位。位于主键盘第3排上的A,S,D,F及J,K,L";"这8个键位就是基本键位，也称原点键位。在开始击键之前，各手指的正确放置方法如下：

1)将自己的左手小指、无名指、中指、食指分别置于A,S,D,F键上。

2)左手大拇指自然向掌心弯曲。

3)将右手食指、中指、无名指、小指分别置于J,K,L,“;”键上。

4)右手大拇指可以轻置在空格键上。

5)左手食指还要负责G键，右手食指还要负责H键。

只要时间允许，双手除拇指以外的8个手指应尽量放在基本键位上

(3)掌握指法分区表。在熟练掌握基准键位的基础上，对于其他字母、数字、符号都采用与8个基准键位对应的位置来记忆。例如，用击S键的左手无名指击W键，用击L键的右手无名指击O键。这时关键要掌握键盘指法分区表，键盘的指法分区表如图2-1所示。

图 2-1

凡斜向同一颜色范围内的字键，都必须用规定的手的同一指进行操作。值得注意的是，每个手指到基本键位以外的其他排击键结束后，只要时间允许，都应立即退回基本键位。请对照指法分区表加以练习。

(4)空格键的击法。右手从基本键位上迅速垂直上抬1～2cm，大拇指横着向下一击并立即收回，便输入了一个空格。

(5)换行键的击法。需要进行换行操作时，提起右手击一次Enter键，击后右手立即退回

相应的基本键位上。注意小指在手收回过程中保持弯曲，以免带入“；”。

(6)大写字母键的击法。

1)首字母大写操作。通常先按下 Shift 键不动，用另一手相应手指击下字母键。若遇到需要用左手弹击大写字母时，则用右手小指按下右端 Shift 键，同时用左手的相应手指击下要弹击的大写字母键，随后右手小指释放 Shift 键，再继续弹击首字母后的字母；同样地，若遇到需要用右手弹击大写字母时，则用左手小指按下左端 Shift 键，同时用右手的相应手指击下要弹击的大写字母键，随后左手小指释放 Shift 键，再继续弹击首字母后的字母。

2)连续大写的指法指法。通常将键盘上的大写锁定键 Caps Lock 按下后，则可以按照指法分区的击键方式来连续输入大写字母。

(7)数据录入的指法。

1)纯数字录入指法。纯数字录入指法又有两种方式：一是将双手直接放在主键盘的第一排数字键上，与基本键位相对称，用相应的手指弹击数字键。二是当用小键盘上的数字键录入时，先用右手弹击小键盘上的数字锁定键 Num Lock，目的是将小键盘上的数字键转换成数字录入状态，此时小键盘上方的 Num Lock 指示灯变亮，然后将右手食指放在 4 键上，无名指放在 6 键上。食指移动的键盘范围是 7，4，1，0；无名指的移动范围是 9，6，3；中指的移动范围是 8，5，2 和小数点。

2)西文、数字混合录入指法。将手放在基本键位上，按常规指法录入。由于数字键离基本键位较远，弹击时必须遵守以基本键为中心的原则，依靠左右手指敏锐和准确的键位感，来衡量数字键离基本键位的距离和方位。每次要弹击数字键时，掌心略抬高，击键的手指要伸直。要加强触觉键盘位感应，迅速击键，击完后立即返回基本键盘位。

(8)符号键指法。符号键绝大部分处于上挡键位上，位于主键盘第一排及其右侧。因此，录入符号时应先按住上挡键 Shift 不动，再弹击相应的双字符键，输出相应的符号。击键时注意力要集中，动作协调且敏捷，击完后各手指要立即返回到相应的基本键位上。

(9)编辑键的使用输入一段英文字母，然后用 Esc，BackSpace，Delete(Del)，Insert(Ins)这几个键进行作废、删除和插入的操作。

2. 训练方法

(1)步进式练习指法。例如，先练习基本键位的 S，D，F 及 J，K，L 这几个键，做一批练习；再加入 A 键和“；”键一起练，再做一批练习；然后对基本键位的上、下排各键进行指法练习。

(2)重复式练习。练习中可选择一篇英文短文，反复练习一二十遍，并记录观察自己完成的时间，以及测试自己打字的速度，这种训练方式可以借助相关打字软件来练习(如我们后面介绍的金山打字通软件)。

(3)集中练习法。要求集中一段时间主要用来练习指法，这样能够取得显著的效果。

(4)坚持训练盲打。不要看键盘，可以放宽速度的要求，刚开始可以不要急于追求速度。

3. 配合软件练习

目前有许多键盘击键指法练习软件，例如北京金山软件公司的“金山打字通”就是一个很不错的练习软件。通过利用这些软件的练习，不但可以培养练习兴趣，而且可以提高我们对键盘操作的技巧和速度。

(1)安装“金山打字 2010”。

(2)运行“金山打字 2010”软件，登录以后，进入初始界面(见图 2-2)，在界面上熟悉“金山打字 2010”的操作任务，包括英文打字、拼音打字、五笔打字、速度测试、打字教程、打字游戏。其中，打字教程这个任务提供了相应的基础性打字指导，在进行打字练习之前，可以先进入这一任务进行学习，有助于提高打字练习的效率。

(3)在打开初始界面的同时，会出现“学前测试”对话框，询问使用者是否接受速度测试，测试内容又分为英文打字速度测试和中文打字测试两类。为了了解自己的打字速度情况，可以先进入学前测试，进行速度测试练习，则选中英文打字速度测试内容，然后单击“是”按钮。

(4)根据自身情况，有选择地自行练习各操作任务。在测试自己打字速度的同时，要尽快提高速度，并学会盲打。

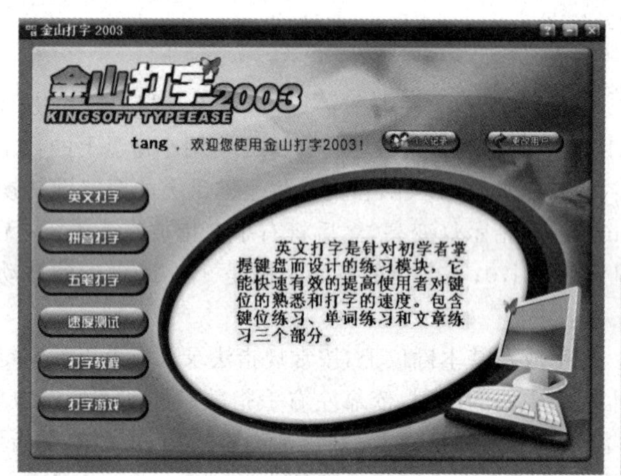

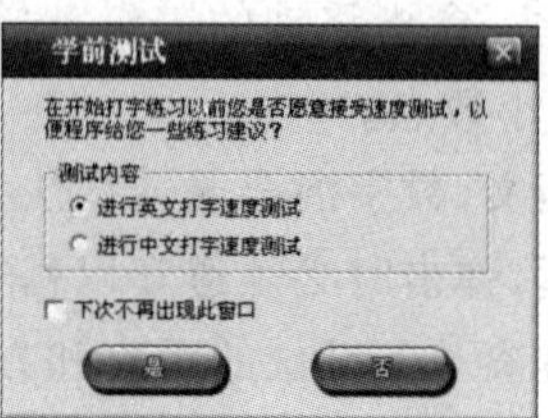

图 2-2　金山打字软件初始界面

任务二　汉字输入

目前，汉字输入法有很多种。一般来说可以将汉字的输入法分为两类，即音形输入和字形输入，分别根据汉字的汉语拼音和汉字的字形来输入。常见的音形输入法有全拼输入法、双拼输入法、微软拼音输入法等；常见的字形输入法有五笔输入法、表形码输入法、郑码输入法等。对于每一类输入法来说，能快速且正确率高地输入汉字是其成功之处。

输入汉字不像输入英文字母那样简单。汉字的结构十分复杂，所以输入汉字需要一定的输入法软件来支持。输入法软件的任务是先将输入的键盘信息经过相应的编码处理，再在屏幕上显示出来。

在本任务中，要求同学们掌握用微软拼音输入法进行汉字的输入。

微软拼音输入法是一种汉语拼音语句输入法，它是微软公司和哈尔滨工业大学联合开发的智能化拼音输入法，可以连续输入汉语语句的拼音，系统会自动选出拼音所对应的最可能的汉字，免去逐字逐词进行同音选择的麻烦。此输入法设置了很多特性，例如自学习功能、用户自造词功能等。经过一段很短的时间，微软拼音输入法便会适应用户的专业术语和句法习惯，这样就易于一次性成功输入语句，此输入法还支持南方模糊音输入和不完整输入等许多特性。

在本任务中，将采用“微软拼音输入法 2010”版本对微软拼音输入法进行相关内容的讲解。

任务重点

(1)掌握一种汉字输入法。

(2)掌握在 Windows 环境下启动与关闭 Word 窗口。

(3)通过输入汉字的训练，进一步熟练指法并提高打字速度。

任务实施

1. 微软拼音输入法的使用

(1)打开微软拼音输入法的状态条：

1)单击屏幕底部任务栏上的输入法图标。

2)出现各输入法选择项，选择“微软拼音输入法 2010”项。

3)出现微软拼音输入法的状态条。

微软拼音输入法 2010 的状态条上的任务从左至右依次为：输入风格切换、中/英文切换、全角/半角切换、中/英文标点符号切换、字符集切换、开启/关闭软键盘、开启/关闭输入板、功能菜单，如图 2－3 所示。

图 2－3　微软拼音输入法状态条

(2)微软拼音输入法可选择“全拼”或“双拼”输入方法。该方法可以进行整句输入，系统会自动选出拼音所对应的最可能的汉字。一般情况下输入拼音无需额外添加空格符。

(3)对于较长的词组，当设置了不完整拼音时，只要输入每个汉字的汉语拼音的第一个字母，相应的词组即可列出，这样可以大大加快汉字的输入速度。

(4)使用微软拼音输入法时，如果所输入的词组词库中没有，这时可以逐个字选择，当输入一次该词组后，该词组会自动地加入到字库中去，这样以后再输入该词组时，它会自动地出现在列表中。因此应该尽量地将自己常用的词组、短语或者专有名词作为词组整体输入。

(5)模糊拼音的使用。用鼠标左键单击微软拼音输入法状态条上的“功能菜单”按钮，或是右键单击输入法状态条，然后选择“输入选项”，进入“微软拼音输入法输入选项”对话框，单击“常规”选项卡，选中“模糊拼音”选项。

在“微软拼音输入法输入选项”对话框中，按下“模糊拼音设置”按钮，弹出“模糊拼音设置”对话框，可以自行选择所需要的模糊音对应。

单击“确认”后，系统将按我们自定义的模糊拼音处理输入的拼音。

(6)音节切分符的使用。微软拼音输入法使用空格或单引号“'”作为音节切分符。由于汉语拼音中存在一些没有声母的字，即零声母字，在语句输入时，这些零声母字往往会影响输入的效果。使用音节切分符可以解决这类麻烦。

同学们可以输入“平安”这个词进行练习，体会音节切分符的作用：输入拼音“ping an”，中间加一个空格；或输入拼音“ping’ an”，中间加一个单引号，这样“平安”这个词便会很容易地生成了。

(7)自造词功能和自学习功能的使用。自造词和自学习两个功能相辅相成。如图 2-4 所示。

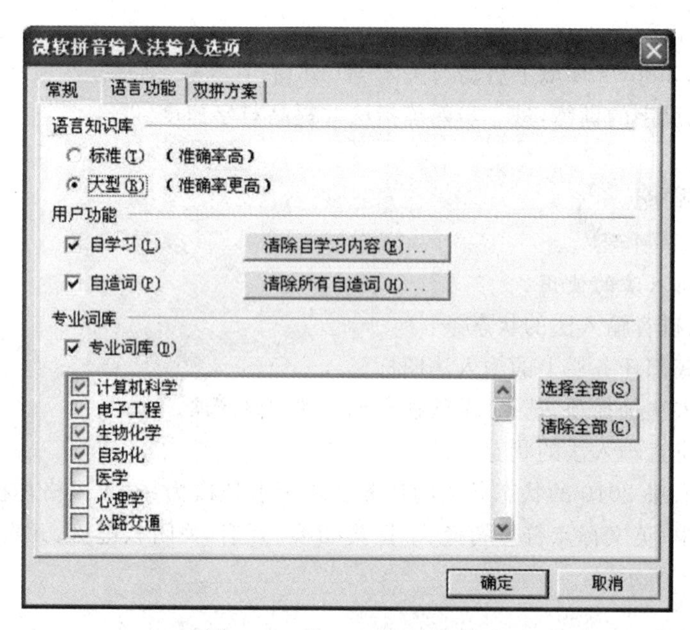

图 2-4 输入选项对话框指

使用自造词功能，不仅可以定义输入法主词典中(不包括专业词库)没有收录的词语，还可以为常用短语、缩略语定义快捷键，以提高输入速度。微软拼音输入法 2010 支持两类自造词：一类是能用拼音输入的由 2～9 个汉字构成的标准自造词；另一类是扩展的自造词，只能用快捷键输入，可由汉字、英文字母和标点符号等构成(但不能包含空格、制表符及其他控制字符)，最多由 255 个字符组成。

使用自学习功能，能够令经过纠正的错字、错误重现的可能性减小。微软拼音输入法 2010 的自学习功能，与以前版本相比，有了很大的改进：不仅加强了学习能力，也提高了学习速度，还可以像编辑自造词那样来编辑自学习的词语。

1)使用自造词。首先打开“输入选项”对话框：用鼠标左键单击微软拼音输入法状态条上的“功能菜单”按钮，或是右键单击输入法状态条，然后选择“输入选项”。

单击“语言功能”选项卡，在“用户功能”下选中“自造词”复选框，单击“确定”按钮。

如果要清除自造词，则首先同样打开“输入选项”对话框，再单击“语言功能”选项卡，在“用户功能”下单击“清除所有自造词”按钮，在弹出的确认对话框中单击“确定”按钮。

2)使用自学习。打开“输入选项”对话框，再单击“语言功能”选项卡，在“用户功能”下选中“自学习”复选框，单击“确定”按钮。

清除自学习内容的步骤与清除“自造词”步骤类似。打开“输入选项”对话框，单击“语言功能”选项卡，在“用户功能”下单击“清除自学习内容”按钮，在弹出的确认对话框中，单击“确定”按钮。

在“微软拼音输入法输入选项”对话框，在此对话框中便可以进行“自学习”和“自造词”功能的选择。

(8)输入“欢迎使用微软拼音输入法”。在打开微软拼音输入法状态条后，便可以使用微软拼音输入法来录入字句。例如，在微软拼音输入法新体验输入风格下，来输入这样一句话：“欢迎使用微软拼音输入法”。

首先连续输入“欢迎使用微软拼音输入法”这几个字的拼音。在输入窗口中，虚线上的汉字是输入拼音的转换结果，下划线上的字母是正在输入的拼音，可以按左右方向键定位光标来编辑拼音和汉字。

拼音下面是候选窗口，1 号候选用蓝色显示，是微软拼音输入法对当前拼音串转换结果的推测，如果正确，可以按空格或者用数字“1”来选择，其他候选列出了当前拼音可能对应的全部汉字或词组。在候选窗口中若没有我们所要的汉字时，可以用“＋”“]”“PageUp”键往后取词，用“－”“[”“PageDown”键往前取词，或用光标单击候选窗口右端的翻页按钮，直到找到所要的词。

如果输入窗口中的转换内容全都正确，按空格或者回车确认。下划线消失，输入的内容便传递给了编辑器，便完成了这句话的输入。

(9)软键盘的使用。启用软键盘有以下两种方法：用鼠标左键单击微软拼音输入法状态条上的软键盘按钮(当然，软键盘按钮也同样出现在其他汉字输入法的状态条上)，则弹出一个软键盘，再次单击输入法工具栏上的软键盘，软键盘则撤销。用鼠标单击微软拼音输入法状态条上的“功能菜单”按钮，出现一个菜单，选择“软键盘”，产生一个含有 13 种软键盘类型(如 PC 键盘、希腊字母、俄文字母、注音符号等)的选择菜单，如图 2－5 所示，选择类型后，弹出的软键盘就是所选类型的软键盘。

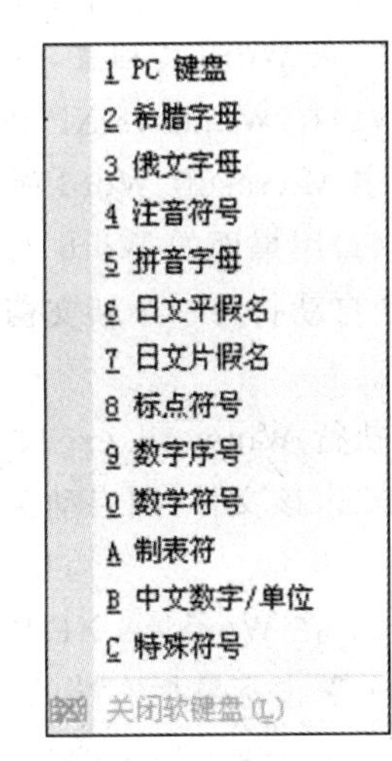

图 2－5　软键盘布局

软键盘的操作使用和硬件键盘一样，键盘上也分上下挡，若要输入某上挡字符，用鼠标先单击选中 Shift 键，再单击该上挡字符所在的按钮，则该上挡字符输入到文本中。当然，也可以将硬件键盘和软键盘配合使用，一手按住硬件键盘上的 Shift 键，再用鼠标单击上挡字符所在的按钮，则该上挡字符输入到文本中。

请进入记事本输入状态，选择不同类型的软键盘，对软键盘上所能表达的各种符号进行输入练习。

(10)手写输入板的使用。微软拼音输入法还集成了手写识别输入的功能。单击微软拼音输入法状态条上的“开启/关闭输入板”按钮，即出现“输入板－手写识别”窗口。

使用鼠标或光笔等输入设备，在“输入板－手写识别”窗口左侧空白的手写区内写入字符，只要所写的字符与原字的笔画相差不多，一般都能识别出来，且识别速度较快。中部的列表框中便列出检索到的最为接近的字符，单击选中的字符即可输入。此时手写区自动清空，等待下一个字的输入。

按住鼠标左键并拖动出笔画轨迹，放开左键即写完一笔，同学们可以在左侧空白的手写区内写入“学”字，来进行相应练习，如图 2－6 所示。而单击“清除”按钮时则清除手写区的内容。

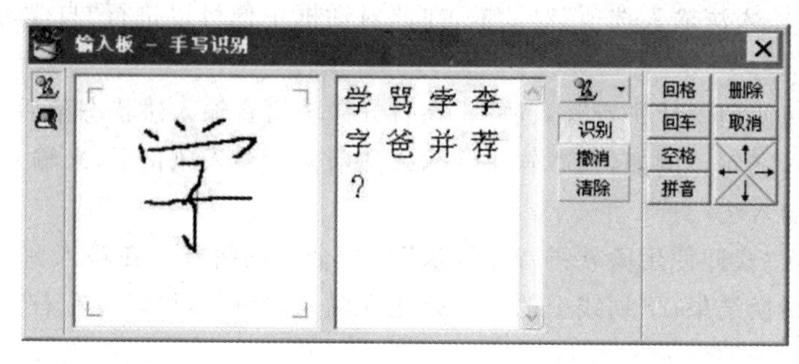

图 2－6　手写输入板

通过“输入板－手写识别”窗口中的“切换手写输入/手写检索”按钮，即单击候选字窗口右侧的图标按钮，可以进行“手写检索”和“手写输入”功能的切换。

使用“手写输入”功能，可以省掉选字这个步骤。单击“切换手写输入/手写检索”按钮后，弹出一个下拉菜单，从中选择“手写输入”选项，此时手写板的候选字窗口变成另外一个空白的手写区。可以交替地在这两个空白的手写区里写字，系统会自动连续识别写入的字符。请同学们自行练习。

2. 在 Word 文档里，使用微软拼音输入法进行汉字输入练习指法练习

(1)在 Windows XP 环境下启动 Word 2010 的方法。利用“开始”按钮：单击“开始”，选择并单击 Microsoft Word 项，则启动 Word 2010。

(2)用桌面的 Word 2010 的快捷图标：双击 Word 2010 快捷图标，Word 2010 应用程序启动，便自动打开一个新文档。但使用这种方法的前提是：桌面上必须存在 Word 2010 的快捷图标。

执行 Winword. exe 文件：在 Microsoft Office 的路径下，查找 Winword. exe 文件，然后用鼠标双击该文件，则启动 Word 2010。选择菜单栏上的“文件”菜单项，出现下拉菜单，选择“关闭”。

(3)在 Windows XP 环境下退出 Word 2010 应用程序的方法：

· 单击标题栏右端的“关闭”按钮。

· 选择菜单栏上的“文件”菜单项，出现下拉菜单，选择“退出”。

单击标题栏最左端图标或右键单击标题栏，出现快捷菜单，选择“关闭”即可。

3. 录入一篇

选出一篇中文文章，在 Word 文档里，利用微软拼音输入法进行录入。请自行练习，进一步熟练指法，并提高自己的打字速度。

项目三　网络初识

项目概述

网络是由节点和连线构成，表示诸多对象及其相互联系。在计算机领域中，网络是信息传输、接收、共享的虚拟平台，通过它把各个点、面、体的信息联系到一起，从而实现这些资源的共享。网络是人类发展史来最重要的发明，提高了科技和人类社会的发展。网络会借助文字阅读、图片查看、影音播放、下载传输、游戏、聊天等软件工具从文字、图片、声音、视频等方面给人们带来极其丰富的生活和美好的享受。

网页浏览器是显示网站服务器或文件系统内的文件，并让用户与这些文件交互的一种应用软件。它用来显示在万维网或局域网等内的文字、图像及其他信息。这些文字或图像，可以是连接其他网址的超链接，用户可迅速及轻易地浏览各种信息。大部分网页为 HTML 格式，有些网页需特定浏览器才能正确显示。个人电脑上常见的网页浏览器按照 2010 年 1 月的市场占有率依次是微软的 Internet Explorer，Mozilla 的 Firefox，Google 的 Chrome、苹果公司的 Safari 和 Opera 软件公司的 Opera。浏览器是最常用的客户端程序。万维网是全球最大的链接文件网络文库。

项目重点

浏览器简介；信息搜索；常用的资源搜索；收发电子邮件；网上冲浪。

任务一　浏览器简介

任务概述

上网就要与浏览器打交道，首先介绍浏览器的产生、发展。掌握浏览器的一些使用技巧。

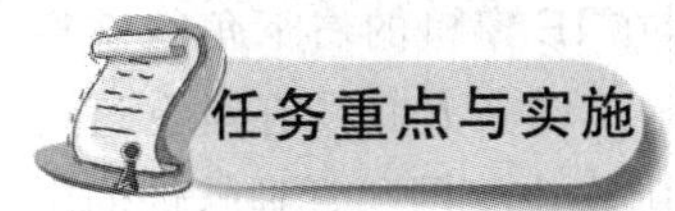

任务重点与实施

20 世纪 90 年代，随着因特网技术的不断发展，尤其是以 WWW 服务为代表的统一、跨平台、分布式的计算平台的广泛使用，传统的 C/S(客户机/服务器)结构的计算模式受到了来自 B/S(浏览器/服务器)结构的强大冲击。B/S 结构计算模式的巨大优点在于应用的发布、升级、使用和维护集中于服务端，而客户端的平台不相关性、界面风格统一等，使得这种计算模式有着巨大的应用前景。Web服务是基于HTTP协议（超文本传输协议）的，HTTP协议是服务器与浏览器进行信息传递的协议。大多数Web服务器和浏览器都对HTTP协议进行了扩展，一些新的技术，如CGI通用网关程序、Java Applet（Java小程序）、ActiveX控件、虚拟现实等，也开始应用于Web服务，从而使Web网页的表现形式更生动、更形象，信息交互也显得更加容易。浏览器（browser）作为一种客户端的应用软件，也可称之为WWW浏览器，实际是一种在internet上广为使用的信息检索软件系统。以前使用Internet的软件基本上都是基于Unix系统上的界面枯燥而且直观性较差。1992年，在美国伊利诺伊超级计算中心进行科学研究的Anderssen（安德里森）开发出了一套软件MOSAIC，这是世界上第一套浏览器，为普通用户提供了非常直观的图形界面，易于操作。后来曾任美国网景公司技术副总裁的安德里森，与他人合作创办了网景公司，先后推出了基于MOSAIC但全面功能优化的新一代浏览器软件：Netscape Navigator（1.0，2.0，3.0，4.0版）及1997年6月的升级版Netseape Communcator（Netseape4.0），使其成为世界上最为广泛使用的浏览器软件。1996年8月，微软推出了（Internet Explorer）IE3.0浏览器，其功能和Netscape浏览器相似。一年后，IE4.0版本出台，并将其免费配装于微软Windows95操作系统软件之中捆绑销售，使IE迅速占据了浏览器大部分市场。作为20世纪最伟大的技术发明之一，互联网创造了一个奇迹。而作为客户端的应用程序、用户和网络进行交互的一个操作平台，浏览器也得到了长足的发展，IE，Netscape，O Pera，fire fox浏览器等都占据了一席之地。用户使用最广泛，占据市场份额最多是微软的IE和网景的Netscape。浏览器是客户端的一个应用程序，它的主要功能是向Web服务器发送各种请求，并对从服务器发来的由HTML语言定义的超文本信息和各种多媒体数据进行解释执行.浏览器作为工internet的主要客户端软件，它向客户提供了访问WWW超文档信息的友好、交互的接口和界面。随着WWW的发展，其地位变得越来越重要，功能也越来越强。它不但能浏览WWW的超文本信息，而且还能作为e-mail，ftp，news等服务的用户界面。

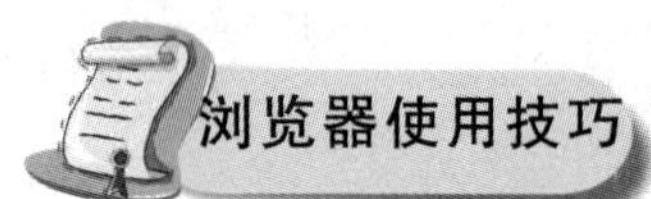

浏览器使用技巧

（1）将IE背景的颜色变成蓝色。只要在IE的地址栏中输入“about:Mozilla”不加引号），就可以将IE的背景颜色变成蓝色。关闭IE浏览器下次打开则一切如前。

（2）快速查询打开过的页面数 在IE的地址栏中输入“javascript:alert(history.length)”，回车后会弹出一个对话框，在此对话框中清楚地显示着当前IE窗口打开过多少页面。

（3）快速查看网站更新时间。有些站点会显示最新更新的时间，有些则不显示。那么如何才能知道这类的网站的更新时间呢？在IE中打开该站点，然后在浏览地址中输入“javascript:alert(document.lastModified)”，按回车即可得知。

（4）IE右下角地球图标的妙用。经常使用IE的读者都知道，在IE窗口的右下角状态栏中，有一个小小的地球图标，在它的右边还有个“Internet”字样显示。许多人并没有留意过这个小家伙，其实，它还是很有用的。在此略举一例。我们知道在网吧中由于网吧管理软件的限制，是无法直接下载文件的，否则会提示“当前安全设置不允许下载该文件”，利用IE右下角的地球图标就可以突破这种限制，自由下载软件。具体方法是双击该地球图标，会调出标题栏为“Internet安全性属性”的对话框。在该窗口中选择“Internet→自定义级别”，会弹出“安全设置”窗口，在该窗口中找到“文件下载”和“字体下载”，选择“启用”，这样就突破了网吧中禁止下载文件的限制。

(5) 用 IE 代替 TE。TE 是 QQ 自带的浏览器，饱受大家的指责，所以许多朋友选择了删除 TE，但当我们点击 QQ 好友发来的超链接时由于没有 TE 会没有任何反应，此时只能使用 IE 了，我们可以用 IE 代替 TE。进入 IE 所在目录，默认为 C:\Program Files\Internet Explorer，把其中的 Iexplore. exe 文件复制并拷贝到 QQ 的安装目录下，默认为 C:\Program Files\Tencent，并命名为 TBrowser. exe 即可（TBrowser. exe 就是 TE 浏览器的主文件）。下次再有网友通过 QQ 给你发送网址，单击该链接就会弹出一个 IE 窗口打开该网页。

(6)在桌面上开个收藏夹窗口。收藏夹对于经常上网的朋友来说，非常的实用。它能将好的网页地址保存起来，再次访问的时候，不必输入网址就可以查询该网页。不过，每次都去点击“收藏夹”菜单，未免有些麻烦，如果能在桌面上显示一个窗口，里面的内容就是你的收藏夹，就非常方便了。右键点击桌面上的 Iexplore. exe，选“属性→快捷方式”，在目标栏中填入：“C：\ P r o g r a mFiles\Internet Explorer\IEXPLORE. EXE” －channelband，注意在参数“－channelband”前面有一个空格。

任务二　信息搜索

任务概述

现在随着网络越来越多的进入大家的工作，学习，娱乐，伴随着越来越多的资源，例如软件，游戏，视频，音乐，资料，文献，报刊等等被搜索，如何最快的找到自己期望找到的问题，或者找到解决的办法，这个是越来越多的电脑使用者的困惑，也是我们这个项目的任务。

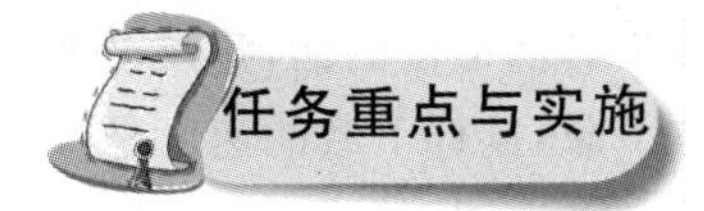

一、如何根据自己寻找的资源类型选择相关的

例如你想看一些最新的新闻，娱乐杂志，视频，音乐，比较常见的文献，或者购物网站，游戏网站，论坛，人文论坛等等，现在相关的网站都很多，例如 hao123，或者其他相关的导航页都是不错的，基本能满足一些常用的功能。如图 3－1 所示。

实在不行就在百度或者其他引擎直接搜索也能找到相关的资源，一般都能找到。

对于一些比较稀缺的或者比较很内行的，而有些不知道的网站资源确实需要自己发现的，下面我单独就我的一些搜索稀缺资源的方法和大家分享一下！

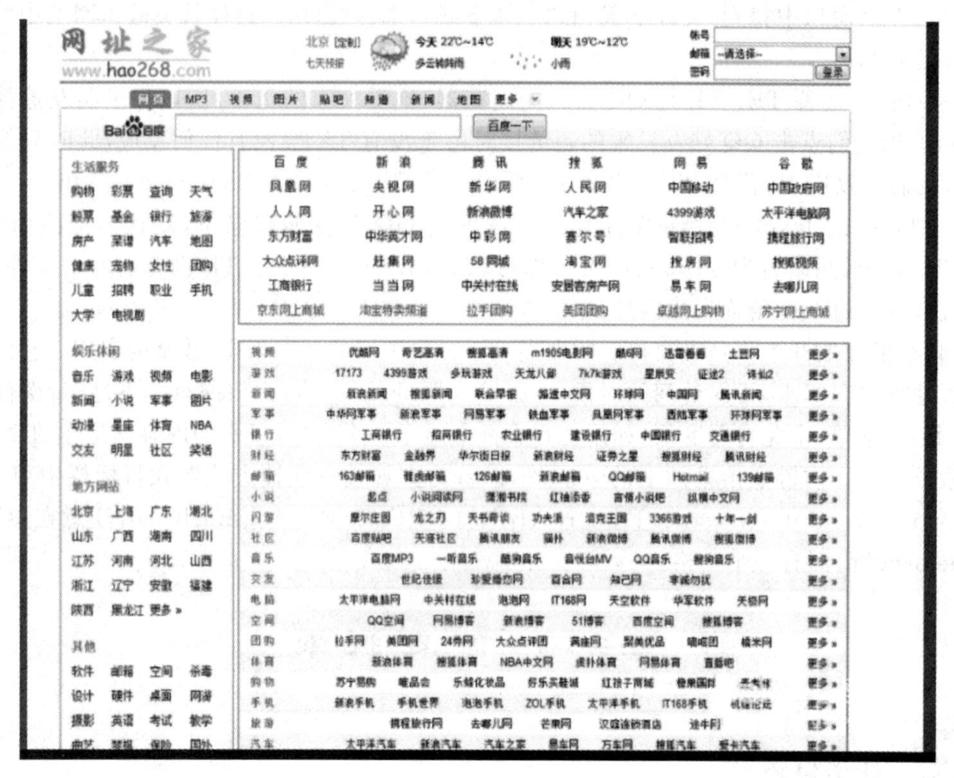

图 3-1

二、寻找稀缺资源的方法或者软件

(1)如果你想找些音乐,电子书,文档,图片,电影,软件的话,而且你找的资源不好找的话,或者说是下载速度比较慢,即使用一些迅雷,电驴,或者其他的下载工具都很慢的话,建议大家用网盘搜索自己的资源,直接在网盘上下载或者用网盘配套的软件下载,这样下载的速度是很稳定,速度很快,而且资源是肯定能够下载成功的,也是最为推荐的一个方法。

用网盘搜索的话可以去相关的网盘去搜索,也可以通过网盘搜索引擎搜索资源,然后下载你的网盘资源。

很多人用盘搜引擎,但是可能是用的人多,我一般搜的都很慢,我比较喜欢的是麦库搜索。当然也有其他的网盘搜索引擎,大家可以选择搜索。如图 3-2～图 3-4 所示。

当然一些网盘论坛也是不错的,但是很讨厌的是需要注册,这个是很多人都很挠头的事情,所以这个方法就可以免了这个步骤了!

(2)如果下载游戏的话,可以去游民星空,52pk,游侠网,猪猪乐园,3dmgame 等著名网站;下载音乐,可以去百度等网站;下载专业文档,可以去筑龙网,百度文库,豆丁网等,下载软件可以去天空,太平洋,天极,华军,多特,绿色软件联盟等,下载图片在百度片库等。如图 3-5 所示。

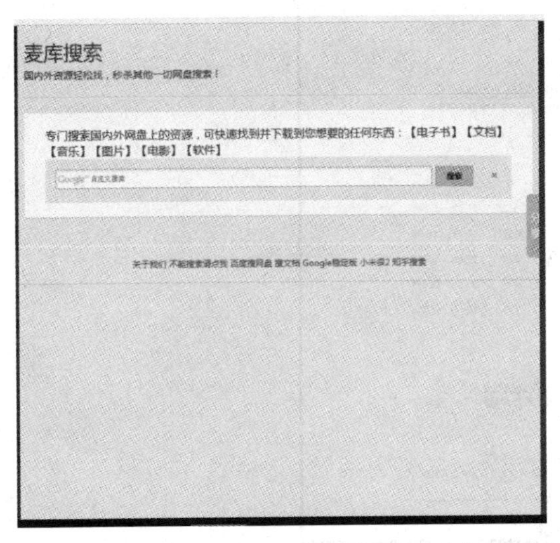

图　3-2

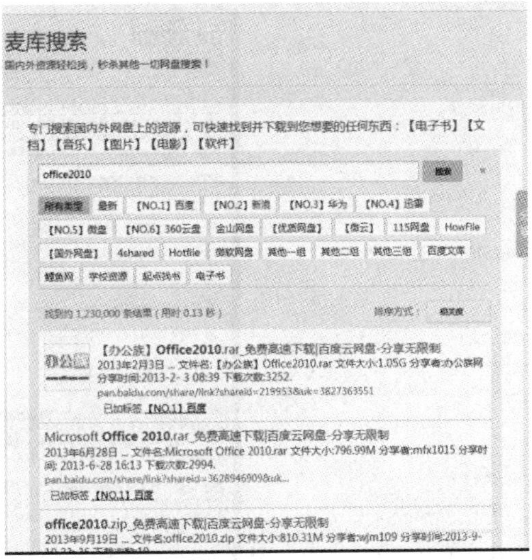

麦库搜索
国内外资源轻松找，秒杀其他一切网盘搜索！
专门搜索国内外网盘上的资源，可快速找到并下载到您想要的任何东西：【电子书】【文档】【音乐】【图片】【电影】【软件】
office2010
搜索
所有类型　最新　【NO.1】百度　【NO.2】新浪　【NO.3】华为　【NO.4】迅雷
【NO.5】微盘　【NO.6】360云盘　金山网盘　【优质网盘】　【微云】　115网盘　HowFile
【国外网盘】　4shared　Hotfile　微软网盘　其他一组　其他二组　其他三组　百度文库
鲤鱼网　学校资源　起点找书　电子书
找到约 1,230,000 条结果（用时 0.13 秒）　排序方式：相关度
【办公族】Office2010.rar_免费高速下载|百度云网盘-分享无限制
2013年2月3日 ... 文件名:【办公族】Office2010.rar 文件大小:1.05G 分享者:办公族网 分享时间:2013-2-3 08:39 下载次数:3252.
pan.baidu.com/share/link?shareid=219953&uk=3827363551
已加标签 【NO.1】百度
Microsoft Office 2010.rar_免费高速下载|百度云网盘-分享无限制
2013年6月28日 ... 文件名:Microsoft Office 2010.rar 文件大小:796.99M 分享者:mfx1015 分享时间: 2013-6-28 16:13 下载次数:2994.
pan.baidu.com/share/link?shareid=362894690&uk...
已加标签 【NO.1】百度
office2010.zip_免费高速下载|百度云网盘-分享无限制
2013年9月19日 ... 文件名:office2010.zip 文件大小:810.31M 分享者:wjm109 分享时间:2013-9-

图　3-3

office2010安装及破解.zip
步骤阅读
是比较好的方法是找一些很有名的软件网站搜索自己的资源。
如果你下载游戏的话，你可以去游民星空，52pk，游侠网，猪猪乐园，3dmgame等著名网站；下载音乐，可以去百度等网站；下载专业文档，可以去筑龙网，百度文库，豆丁网等，下载软件可以去天空，太平洋，天极，华军，多特，绿色软件联盟等，下载图片

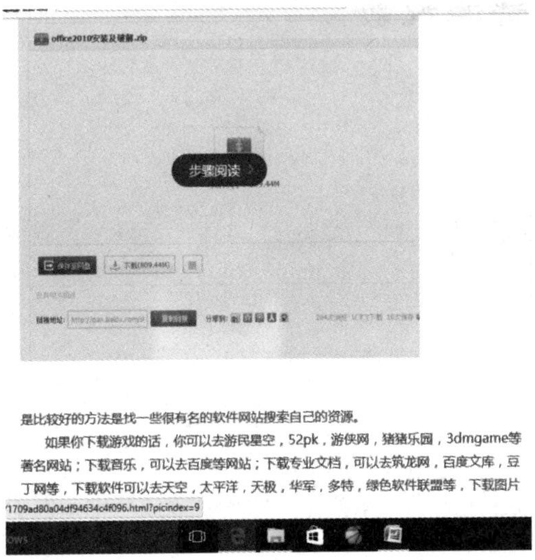

图　3-4

图　3-5

(3)就是借助一些软件搜索自己需要的资源。在百度搜索一下就能找到很多工具。但是感觉搜索的资源都是那些禁止的东西资源的多，不如直接在网站上搜好用。如图 3-6 所示。

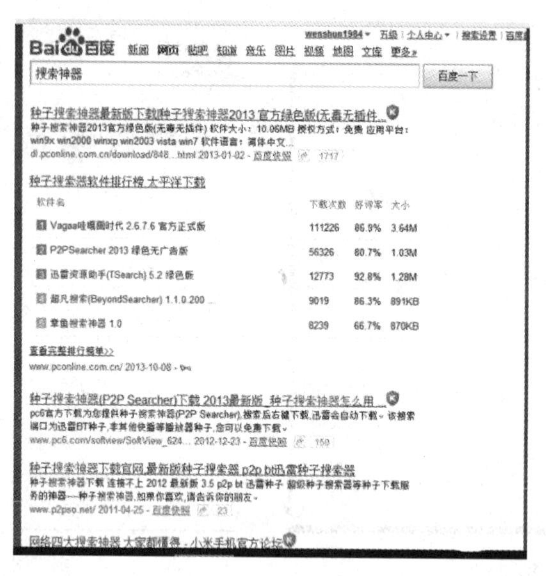

图　3－6

任务三　常用资源搜索

介绍视频资源、音乐资源、文档资源等的搜索。

1. 视频资源

如果是看电影的话，用 pps，pptv 等直接看就是了。如图 3－7 所示。

图　3－7

如果是看或者下载一些最新的资源，可以用百度影音，qvod 等工具。

如果是下载，建议用迅雷下载，或者一个很稀缺的资源，可以在 verycd 上搜索下载。

2. 音乐资源

如果是听或者下载的话，非常多的软件，常见的有酷我，酷狗，qq 音乐，百度音乐等等。如图 3－8 所示。

想搜索一些无损音质，ape，wav 等音频文件，可以去一些网站论坛，里面有很多，但是都是需要注册的。

推荐去网盘搜索下载，通过麦库搜索，盘搜引擎等去网盘去搜索下载自己的找的资源。如图 3－9 所示。

图　3－8

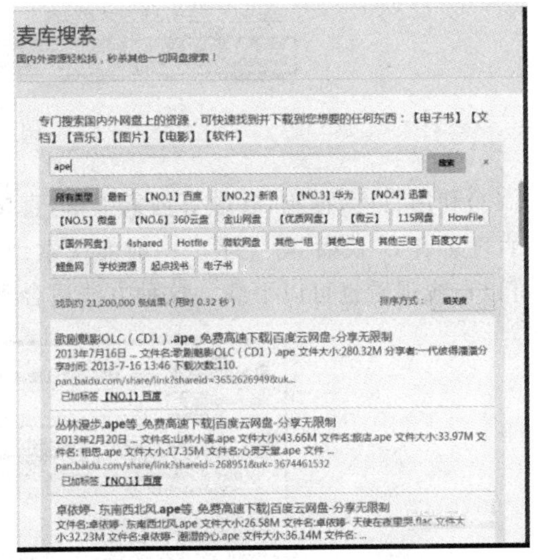

图　3－9

3. 文档资源

推荐去百度文科，这个倒是非常全面，当然其他豆丁网等也可以。

(1)如何快捷搜索下载你想要的资源文件利用百度，搜狗，谷歌等搜索引擎，直接输入你想要搜索的资源名称，常见的资源前两页就有了，点开网页去查看下载。这种方法适合搜索下载文本，软件，图片，影音各种资源。如图 3－10 所示。

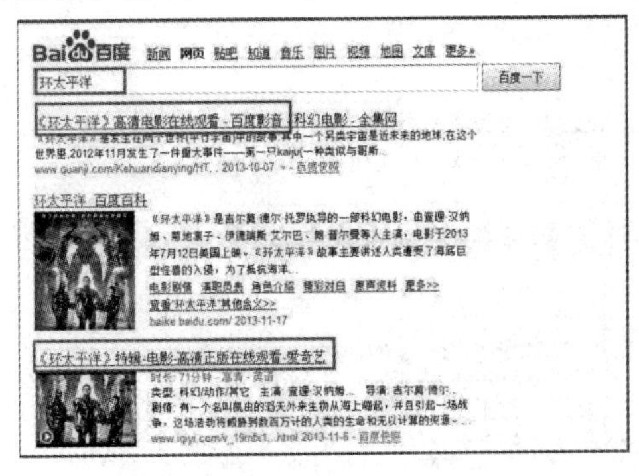

图　3－10

(2)利用百度,搜狗,谷歌等搜索引擎,直接输入你想要搜索的资源名称,空两格或三格,输入“种子”“ed2k”迅雷等文字。一般能搜索到可下载的链接地址,然后使用软件下载。这种方法适合搜索下载文本,软件,图片,影音各种资源。如图 3-11 所示。

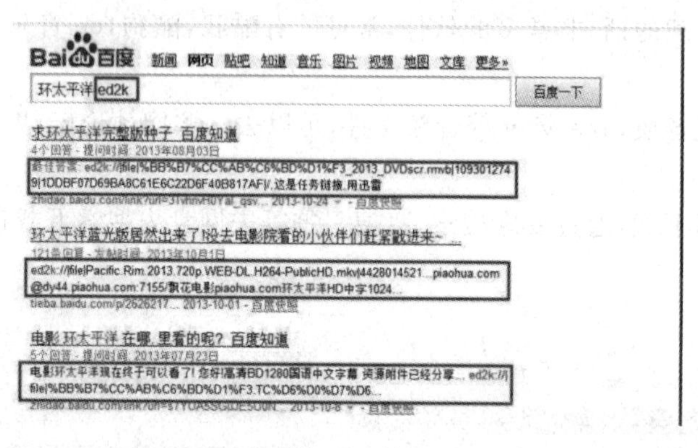

图 3-11

(3)利用百度,搜狗,谷歌等搜索引擎,直接输入你想要搜索的资源名称,空两格或三格,输入“百度影音”“快播”等文字。一般能搜索到可在线观看的电影网站,借助这些网络播放器,既可以在线观看也可以下载。这种方法适合下载观看影音。如图 3-12～图 3-14 所示。

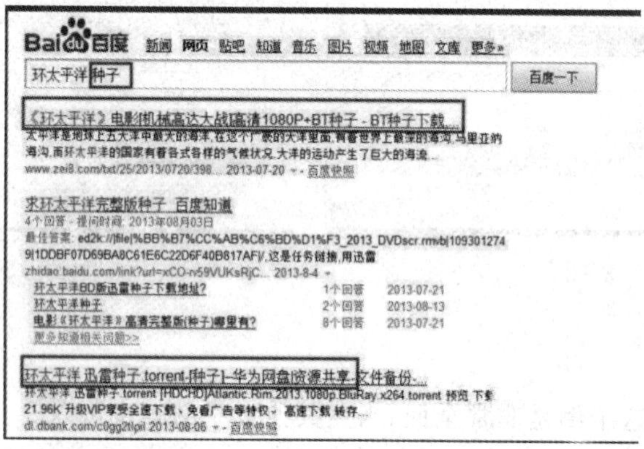

百度 新闻 网页 贴吧 知道 音乐 图片 视频 地图 文库 更多»
环太平洋 种子
百度一下
《环太平洋》电影|机械高达大战|高清1080P+BT种子 - BT种子下载
求环太平洋完整版种子_百度知道
环太平洋 迅雷种子 torrent-[种子]-华为网盘|资源共享_文件备份...

图 3-12

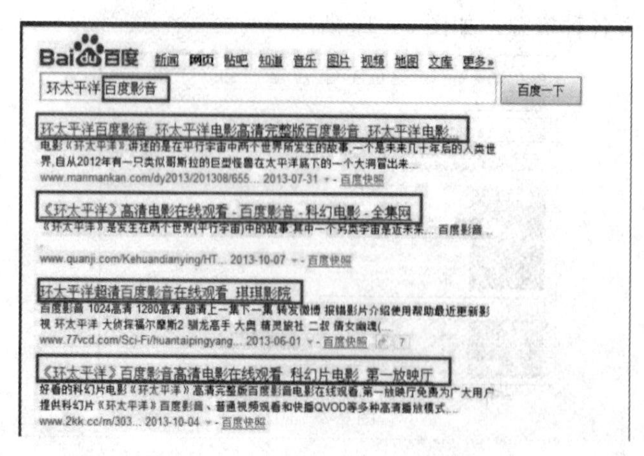

图 3-13

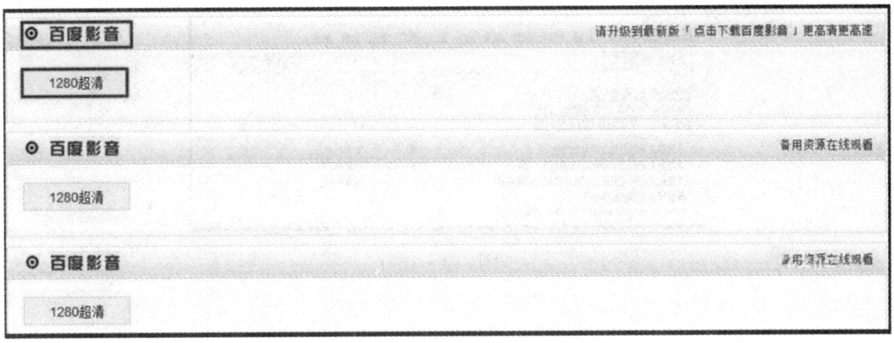

图　3-14

(4)利用百度，搜狗，谷歌等搜索引擎，直接输入你想要搜索的资源名称，空两格或三格，输入“网盘”“百度云”“迅雷快盘”等文字。一般能搜索到网友在网盘里共享的资源，打开网页直接下载，还可以把资源保存在网盘里收藏。这种方法适合搜索下载文本，软件，图片，影音各种资源，网盘里能共享的都能搜索下载。如图 3-15 所示。

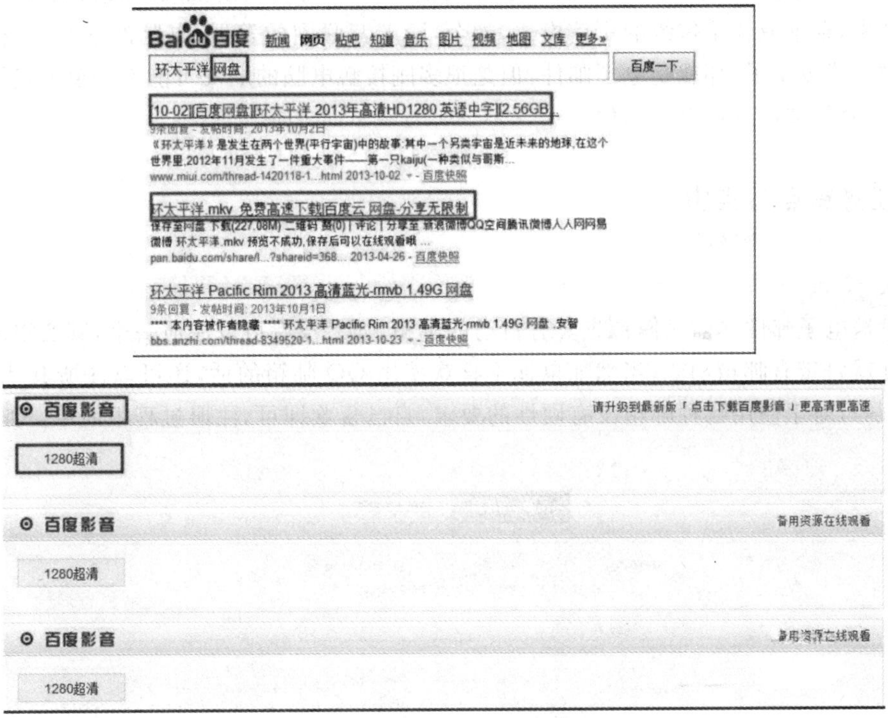

图　3-15

(5)知道你想要搜索的资源类型，去搜索这方面专业的网站，论坛，贴吧。注册账号后或者达到一定级别后在它们里面搜索，这种方法相对麻烦，但有时有些资源很稀缺，也更可靠。比如一些考研论坛，摄影论坛，电影下载网站，后期编辑处理类的贴吧。如图 3-16 所示。

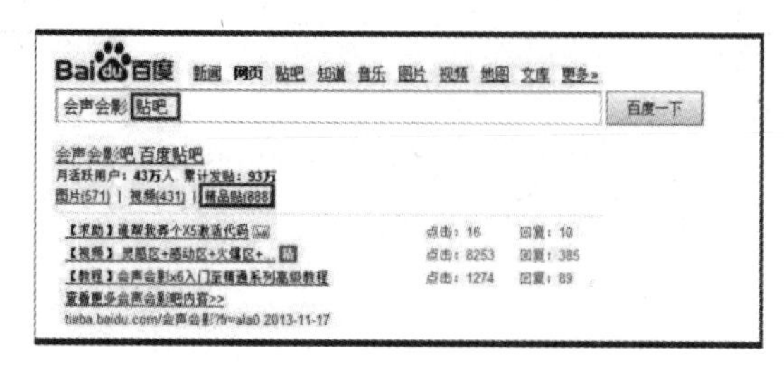

图 3-16

任务四　收发电子邮件

以前我们跟远方的亲戚朋友传递信息都是靠写信，随着社会的发展，电报，电话，传真逐渐的流行开来，渐渐取代了传统的写信模式，如今，随着互联网的发展，电脑的普及，一种新的传递信息的方式诞生了，那就是电子邮件，但是很多刚接触电脑的朋友可能不知道如何发送电子邮件，下面介绍如何发送电子邮件。

方法/步骤

在发送电子邮件之前我们首先要有自己的邮箱，如果没有可以注册一个，其实很多朋友使用的 QQ 就自带有邮箱功能，当然如果你不喜欢使用 QQ 邮箱的话，还可以注册其他的邮箱，例如 163 等，对于使用哪种邮箱没有硬性的要求，自己喜欢即可，注册过程很简单。如图3-17所示。

注册字母邮箱　注册手机邮箱

*邮件地址　建议用手机号码注册　@ 163.com

6~18个字符，可使用字母、数字、下划线，需以字母开头

*密码

6~16个字符，区分大小写

*确认密码

请再次填写密码

手机号码

密码遗忘或被盗时，可通过手机短信取回密码

*验证码

请填写图片中的字符，不区分大小写　看不清楚？换张图片

同意"服务条款"和"隐私权相关政策"

立即注册

图 3-17

登陆邮箱之后我们点击通讯录，点击新建联系人，创建联系人的目的就是方便邮件的发送，不必每次发送的时候都输入对方的邮箱账号，输入联系人姓名和电子邮箱地址即可，其他的可填可不填写，只要你能够识别要发送的联系人即可。如图 3－18、图 3－19 所示。

图　3－18　　　　图　3－19

创建完成后，我们选中刚刚创建的联系人，然后点击写信，此时我们便来到了写信界面，其中发件人就是我们刚刚注册的邮箱，收件人就是我们刚刚选中的联系人，这两项就不用自己手动填写了。如图 3－20、图 3－21 所示。

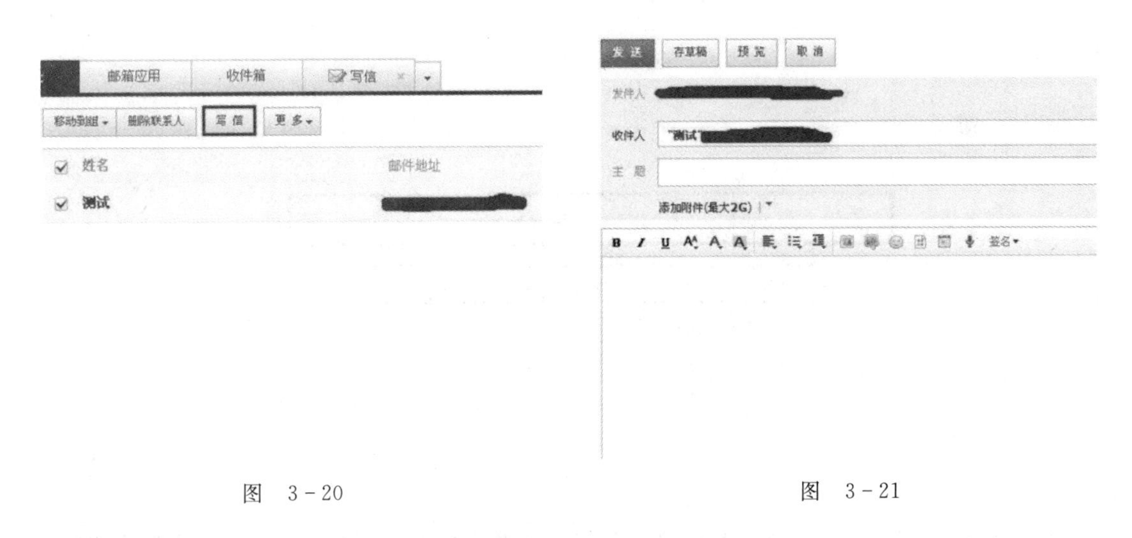

图　3－20　　　　图　3－21

接着我们需要填写主题，也就是发送的标题，可以把发送的内容压缩成一句话形成标题，文本编辑框中填写就是我们发送的具体内容了，当然我们可以给发送内容添加一些样式，例如给文字加粗，标红，也可以给内容添加些表情，使它更生动形象。如图 3－22 所示。

当然我们有时候在发送邮件的时候希望传送一些资料或者文件，此时我们就可以点击添加附件，然后选中我们需要传送的具体内容，点击打开即可，不同的邮箱可添加的最大附件也不同，163 的最大附件是 2G，超过之后就不能发送成功。如图 3－23 所示。

图 3-22

图 3-23

如果你要发送的邮件特别紧急，我们还可以在最下方勾选紧急标识符，当然除了紧急选项之外我们还可以勾选其他选项，例如定时发送如果勾选了定时发送，我们需要填写发送时间，这样邮件就会在指定的时间发送了。如图 3-24 所示。

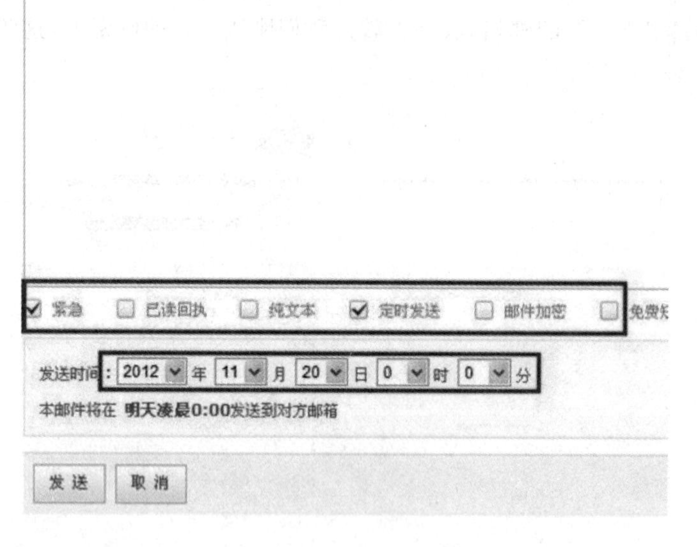

图 3-24

完成邮件的填写和选择之后我们可以预览一下我们将要发送的邮件，点击预览按钮即可看到别人接受之后邮件的效果，看你是否满意，如果满意就可以点击发送按钮直接发送，如果不满意的话修改之后再行发送，当然如果你认为邮件内容还有待完善，可以先保存操作，等待有时间完善之后再行发送。如图 3-25 所示。

注意事项：

在发送电子邮件的时候如果需要添加附件的话，一定要注意附件的大小是否超出了限制，如果超出邮箱设定的限制会导致发送失败。

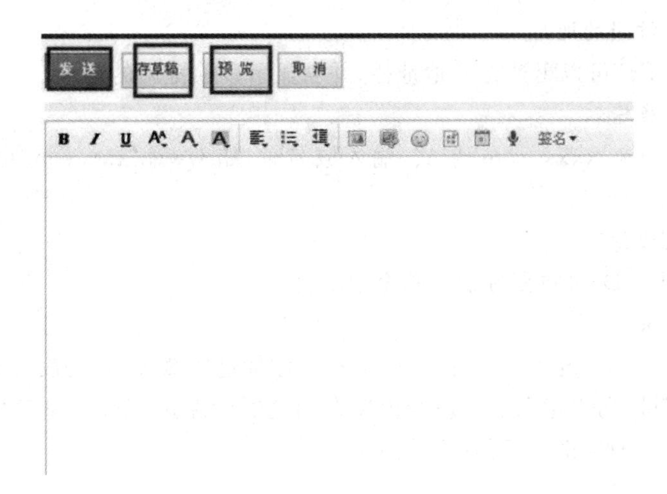

图　3-25

任务五　网上冲浪

在 Internet 互联网上获取各种信息，进行工作、娱乐，在英文中上网是" surfing the internet"，因"surfing"的意思是冲浪，即称为“网上冲浪”，这是一种形象的说法。

网上冲浪的主要工具是浏览器，可以选择微软的 IE 或 360、猎豹等在浏览器的地址栏上输入 URL 地址，在 web 页面上可以移动鼠标到不同的地方进行浏览，这就是所谓的网上冲浪。

一、网上冲浪实用集锦

1. 简单粘贴附件

在 Outlook Express 中，建立一个新邮件并打开新邮件窗口，打开 Windows 资源管理器窗口，单击要粘贴的文件，按住鼠标键不放，将文件拖到新邮件窗口再放开鼠标，这个文件就会粘贴在新邮件中。

2. 以文本形式保存邮件

打开要保存的邮件；选择“文件/另存为”；选择保存名字，指定保存地址，文件类型选择为文本文件(?. txt)；最后单击“保存”键。

3. 快速刷新

在 IE8 中，要刷新某个页面时，只要按下 F5 键即可。

4.快速搜索已访问的地址

在 IE5 中,按“F4”可以迅速打开地址栏,并会显示以前键入的地址。

5.地址栏的快捷输入

网址大多是“www.xxxx.com”形式,输入域名时,如 www.xxx.com 可以只输入“xxx”,然后按“Ctrl－Enter”即可。

6.快速移至地址栏

在 IE 中按“Alt＋D”可将鼠标快速移至地址栏。

7.查找历史记录

用 IE 网上冲浪时,发现了一个好网站,但忘了添加进收藏夹,只要没有删除历史记录就能找到它。按“历史”键,历史记录窗口就会出现在浏览器的左边,单击“搜索”键,输入页面的标题或关键字,单击“立即搜索”即可查到该网站。

8.收藏夹的小窍门

在 IE8 中要将一个站点放入收藏夹中,可选地址栏中 IE 图标,将图标拖到工具栏中的“收藏”图标上,站点就加入到收藏夹中了。点击“收藏”菜单中“整理收藏夹”命令,然后进行相应操作。

9.多窗口浏览

浏览 Web,在新窗口打开链接时,一般是在超链接处击右键,选择“在新窗口中打开”,在 IE5 中只要在点击链接的同时按住 Shift 键即可。

10.快速返回本地硬盘

IE 连接在 Internet ,要快速查看本地硬盘根目录,可在“地址栏”中输入一个反斜杠“\”,然后按下回车就行了。单击 IE 中的“后退”按钮,又可以回到刚才浏览的 Web 页。

11.除去“保存密码”提示

使用 IE8,在收取邮件或填完表单后,系统会提示是否保存用户名和密码,每次都要回答这样的问题实在麻烦又多余。除去反斜杠“\”提示：启动 IE8,依次打开“工具”“Internet 选项”、“内容”、“自动完成”,取消选定“表单”、“表单的用户名和密码”二项选项,然后单击“确定”即可。

12.简繁转换

IE8 自带了 BIG8 转换插件,但有时在浏览 BIG8 的网页时仍出现乱码，IE8 不能正确识别。打开“查看”“编码”,在“编码”中选择“繁体中文(BIG8)”然后按 F5 刷新页面即可。

13.完整保存 Web 页面

使用 IE8,对网页进行“另存为”时,只能保存 HTML 文本,一些图片和其他格式的相关文件有可能无法保存。保存完整的 Web 页面:选择“文件/另存为”,在“保存类型”选项中选择“Web 页面”即可。

二、网上购物

网上购物现如今已非常寻常了,由于网上购物方便快捷、物品便宜,很多人足不出户就能买到想要的商品。现在介绍网上购物和付款的方法。

(1)在网上购物前,无论哪个购物网站,把商品放进购物车或付款都需要注册个账号,一般都是免费注册的。另外还要填写详细的收货地址。当然,如果只是随便浏览网站是不用注册账号的，如图 3－26 所示。

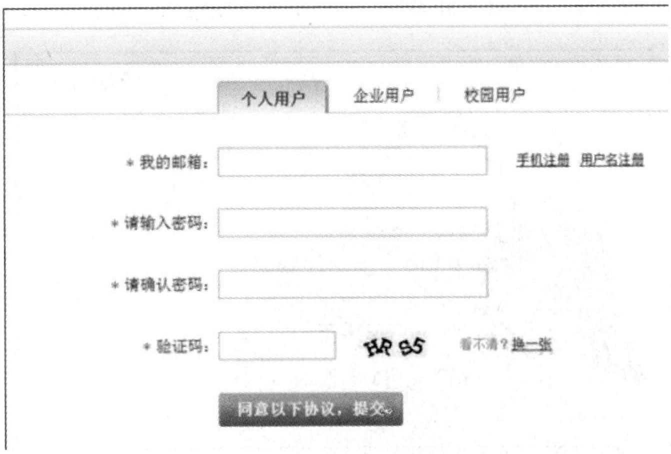

个人用户　企业用户　校园用户

＊我的邮箱：　手机注册　用户名注册

＊请输入密码：

＊请确认密码：

＊验证码：　看不清？换一张

同意以下协议，提交

图　3－26

(2)注册完账户后就可以登录网站寻找称心如意的商品了。找商品时一定要看好它的评分和评论，这是辨别该商品好坏的比较客观的方法。如图 3－27 所示。

图　3－27

(3)然后要货比 3 家，多找几个购物网站进行比较，看看哪个购物网站价格便宜。直接把商品名称、型号复制搜索就行。如图 3－28 所示。

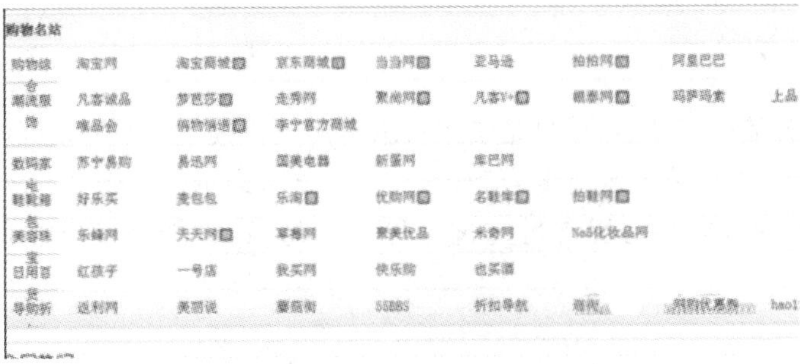

图　3－28

(4)为了保险起见,你可以去商场看好某个商品,然后在网上找到一模一样的,如果比商场里的便宜,可以考虑购买了。尽量去正规的大型购物网站购买。如图 3-29 所示。

图 3-29

(5)选好商品后,可以加入购物车继续选择其它的,这样方便你回头考虑哪件商品想买哪件不想买。如图 3-30 所示。

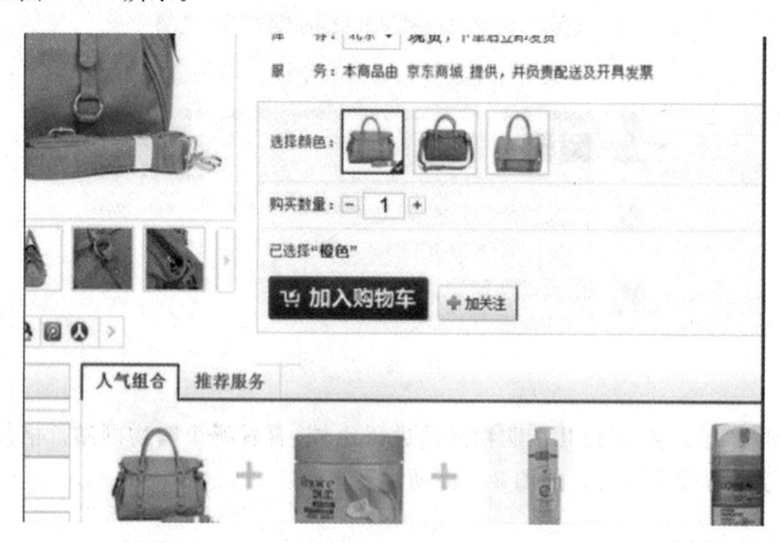

图 3-30

(6)在确定购买某件商品后,如果是货到付款不用支付钱了,如果是在线支付,则要有开通网上支付的银行卡。然后输入银行卡号和密码,进行支付即可。如图 3-31 所示。

(7)为了保险起见,最好是用支付宝进行付款交易,这样能避免钱物两空。如图 3-32 所示。

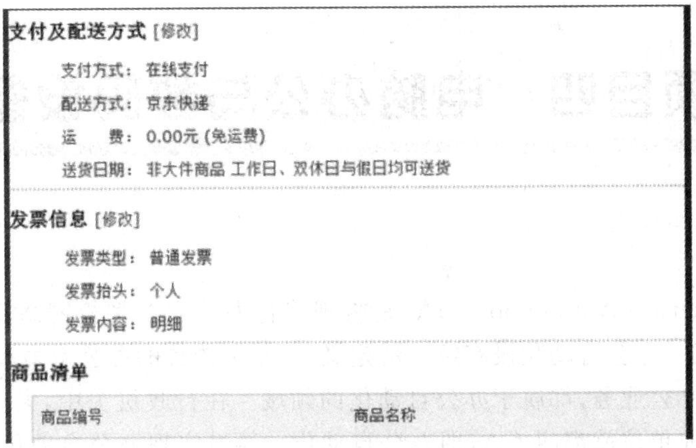

支付及配送方式 [修改]

支付方式：在线支付

配送方式：京东快递

运　　费：0.00元 (免运费)

送货日期：非大件商品 工作日、双休日与假日均可送货

发票信息 [修改]

发票类型：普通发票

发票抬头：个人

发票内容：明细

商品清单

商品编号	商品名称

图　3-31

图　3-32

项目四　电脑办公与数码设备

办公自动化(Office Automation,OA)是将现代化办公和计算机网络功能结合起来的一种新型的办公方式。办公自动化没有统一的定义,凡是在传统的办公室中采用各种新技术、新机器、新设备从事办公业务,都属于办公自动化的领域。在行政机关中,大多把办公自动化叫做电子政务,企事业单位就都叫 OA,即办公自动化。通过实现办公自动化,或者说实现数字化办公,可以优化现有的管理组织结构,调整管理体制,在提高效率的基础上,增加协同办公能力,强化决策的一致性,最后实现提高决策效能的目的。

办公软件指可以进行文字处理、表格制作、幻灯片制作、图形图像处理、简单数据库的处理等方面工作的软件,包括微软 Office 系列、金山 WPS 系列、永中 Office 系列、红旗 2000RedOffice 等。目前办公软件的应用范围很广,大到社会统计,小到会议记录,数字化的办公,都离不开办公软件的鼎力协助。目前办公软件朝着操作简单化,功能细化等方向发展。讲究大而全的 office 系列和专注于某些功能深化的小软件并驾齐驱。另外,政府用的电子政务,税务用的税务系统,企业用的协同办公软件,这些都不再是传统的打打字,做做表格之类的软件。

我们通常说的"数码"指的是含有"数码技术"的数码产品,如数码相机、数码摄像机、数码学习机、数码随身听等等。随着科技的发展,计算机的出现、发展带动了一批以数字为记载标识的产品,取代了传统的胶片、录影带、录音带等,我们把这种产品统称为数码产品。例如电视/通讯器材/移动或者便携的电子工具等,在相当程度上都采用了数字化。

数码设备的主要种类:摄像头、摄像机、数码相机、音箱(如看戏机唱戏机等)、MP3、MP4、MP5、手机、录音笔、扫描仪、DVD 机、储存卡、子母电话机(有数字的也有模拟的)、机顶盒(数模转换器)、卫星接收装置、电视机(过去的不是,因为那是波形电路的,电视机都是采用数字信号处理的)、数控家电。

1. 扫描仪

把图片用扫描仪扫描,变成一个图形文件,使之既能编辑修改又能打印或以传真形式发送。随着扫描仪价格的降低以及人们对电脑打印照片要求的提高,扫描仪这个本来只属于出版、印刷、广告专业的内容走进了家庭,成为了家用电脑的常用外设之一(常见如新蛋爱普生、汉王、佳能、惠普等)。随着科技的发展,数码产品的技术也有了较大的提升,扫描仪的技术也在不断成熟和发展中。

2. 数码相机

2008 年,数码相机出现了不少让我们眼前一亮的新品、新技术,科技的进步为这个行业注入了新的血液。而不少概念级产品的面世,更是让我们找寻到数码相机行业技术革新的一些蛛丝马迹。

知识结构

- 办公软件的认识。
- 办公软件的基本操作。
- 办公软件的具体运用。
- 数码产品的基本分类。
- 数码各类产品的使用方法。

知识目标

- 了解计算机日常用办公软件。
- 掌握常用办公软件的基本方法。
- 熟练使用 Word,Excel 的基本使用方法。
- 了解数码设备的基本分类。
- 了解数码产品的使用方法。
- 掌握摄像头、摄像机、数码相机、音箱等产品的基本使用方法。

能力目标

- 能够解决办公软件常见的问题。
- 能够使用办公软件完成基本的办公要求。
- 能够熟悉使用基本的数码设备。
- 展开自主学习,小组合作学习,锻炼学生合作、交流和协商能力。

岗位目标

- 掌握计算机办公软件和数码设备常见问题的解决方法。

任务一　Word 应用及操作

一、Word 基本认识

(1)Word 是 Office 办公软件组中专门针对文字编辑、页面排版及打印输出的应用软件。

(2)Word 启动。

(3)Word 窗口的基本构成。

(4)标题栏:每次启动 Word 后自动生成一个默认名为“文档 1”的空白文档。

(5)菜单栏:提供所有控制 Word 应用的操作指令。共 9 个菜单。

(6)工具栏:常用菜单选项的快捷按钮。经常使用的工具栏有:常用/格式/绘图/表格和边

框/符号等。(＊可在工具栏任意位置处单击右键,打开或隐藏相应的工具栏)

(7)标尺:用于标注编辑区页面尺寸及划分情况。＊单击“视图”“标尺”可直接显示或隐藏该标尺。

(8)编辑区:Word 文档页面编辑排版的主要页面。一般默认以 A4 纸为标准大小,划分为文本区和页边区。文本区是 Word 文档主体内容编辑区域;页边区内可完成页面的“页眉和页脚”的编辑。(＊＊用户在页面编辑排版时,单击“文件”→“页面设置”:可对当前页面的纸型/方向以及页边距的范围等属性进行设定。排版时可使用标尺快速调整页面)。

(9)状态栏/滚动条、滚动按钮,如图 4-1 所示。

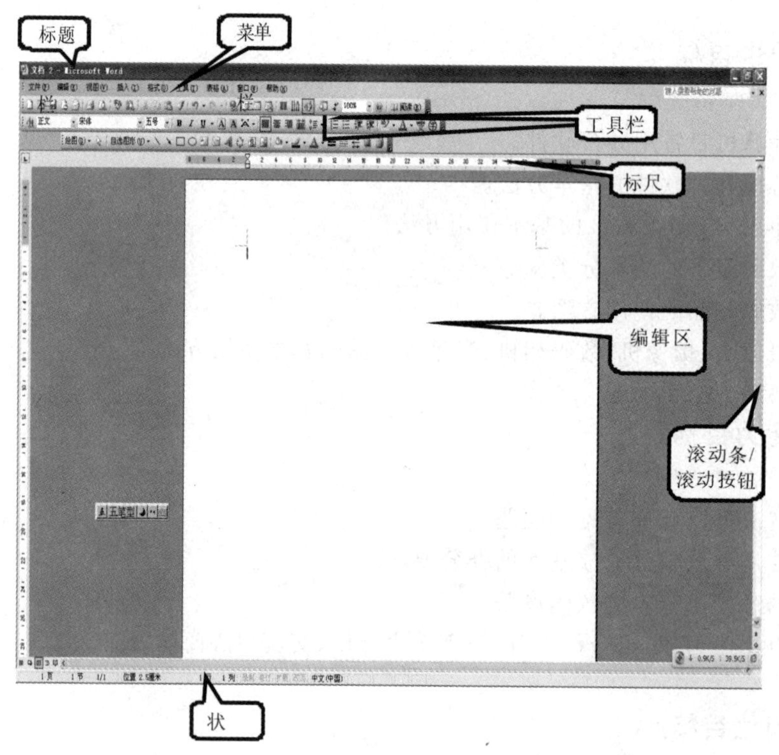

图 4-1

二、Word 文档的基本操作及文字编辑

1. Word 文档的基本操作:

(1)保存/另存为:新建立的文档(即从未存过盘的文档)可单击“文件”→“保存”/“另存为”进行存盘。

存盘后修改或需要备份的文档,用户可根据需要直接“保存”或使用“另存为”完成备份文档。

(2)新建:直接创建一个空白 Word 文档。单击“文件”→“新建”→“空白文档”→“创建”。

(3)打开:可启动 Word 后,单击“文件”→“打开”:选择文档的保存位置,选择文档,打开(或者直接在文档的保存位置下,双击打开文档)。

(4)退出(略)。

(5)搜索:适用于用户忘记文档的存盘位置(但文档名或内容能记住的情况下)。

单击"开始"→"搜索":录入文件名或部分文字,即可搜索。

2. 文字编辑及处理:

在文字编辑时,用户注意选择合适的输入方法。

(1)利用键盘上 Ctrl+Shift 切换不同的输入方法:(Ctrl+空格,在中文输入法与英文输入法之间直接切换)(注意字符全/半角的区分),如图 4-2 所示。

图 4-2

(2)段落结束后,击回车确定。

1)鼠标单击定位插入点或利用键盘上光标方向键移动插入点位置;

2)选定文本:

任意选定:可利用鼠标拖放选定任意文本;

特殊选定:在某段三击鼠标左键可选定该段;按下 Ctrl 键不放,单击可选定一句移动插入点到相应位置,按下 Shift 键不放,利用键盘上光标方向键也可选定文本。

(3)清除文字。

1)选定文字,单击"编辑"→"清除"→"格式"/"内容"。

2)选定文字,利用键盘上 Delete 键或 Backspace 键也可清除内容。(注意:Backspace 退格键可依次清除插入点之前的文字;Delete 键依次清除插入点之后的文字)

(4)段落的合并和拆分。

段落拆分:定位插入点,击回车键即可分段;

段落合并:定位插入点,到两段之间,利用 Backspace 或 Delete 键可将段落合并。

(5)符号的编辑。

键盘上的符号可直接输入;键盘上双符号键上方符号的输入,按下 Shift 键同时再击键即可输入。

3. 文字的基本编辑操作

(1)移动/复制:选定文字,单击"编辑"→"剪切"/"复制",定位插入点指定位置,单击"编辑"—"粘贴"。Word 中剪切/复制的内容一般自动暂存为"剪贴板"上,执行"粘贴"命令即可。

(2)查找和替换:定位插入点,单击"编辑"→"查找"/"替换"。指定查找/替换的内容,查找下一处/替换/全部替换(根据需要执行相应的操作即可)。

(3)撤销:允许用户将错误操作步骤取消应用。

Word 提供了撤销操作步骤的应用功能,用户可直接通过该操作恢复到用户进行格式设置修改前的状态。

单击"编辑"→"撤销"(操作步骤名称)。

用户可利用"常用"工具栏上"撤销"的快捷方式一次撤销多步操作步骤。

(4)重复:如果用户刚刚完成的操作步骤需要直接应用于其他对象上,用户可选定相应对

象，单击“编辑”→“重复”(操作步骤名称)

三、Word 文字格式修饰

Word 文字格式修饰适用于 Word 文档中任何形式下的文字(正文区/表格文字/图形文字等)一般要求先选定相应的文本区域。

1.字体

选定文本，单击“格式”→“字体”：打开如图 4-3 所示对话框：

(1)“字体”选项卡：设置字体/字形/字号以及字体颜色/下划线/着重号等基本文字格式；同时，还可设置字符特殊效果，如删除线/上、下标/阴影、空心、阳文、阴文等。

(2)“字符间距”选项卡：以当前字符格式为标准，对字体进行缩放(100%为标准值)/字符间距(标准/加宽/紧缩)/位置(标准/提升/降低)。

(3)“文字效果”选项卡：设置字符的屏幕显示效果(6 种)。

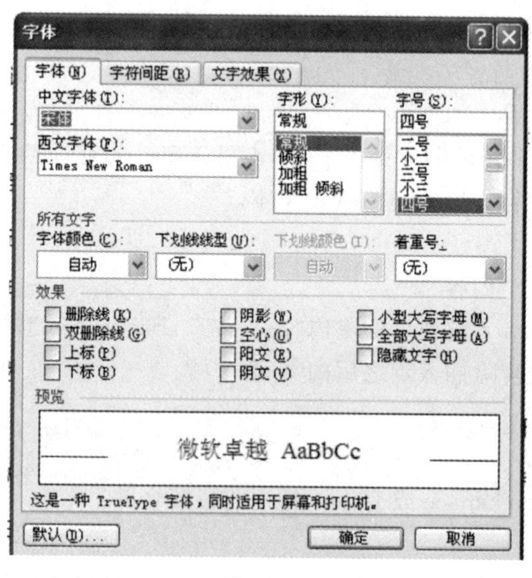

图 4-3

图 4-4

2.段落格式

如图 4-4 所示，将文档段落的基本格式进行调整，主要包括：

(1)对齐方式：设置文档标题/落款等对齐方式(默认为两端对齐即左对齐；居中；右对齐等)；

(2)缩进：左/右选项针对段落中每一行文字的缩进(如调整为负数，则文字排列于页面边界范围；

(3)行距：调整文字行之间的距离(默认为单倍行距)；段间距：设置段落之间的距离(段前/段后距)。

3.其他格式

(1)分栏：将文档页面以多栏形式进行编排。

选定文本，单击“格式”→“分栏”：选择合适的分栏效果(或自定义分栏：栏数，栏宽，栏间距等)，确定。若取消，可选定文本，选择栏数为“一栏”选项，确定，即可。

(2)边框和底纹：选定文本，单击“格式”→“边框和底纹”。

1)“边框”选项卡下，为所选文字添加线条边框(包括线型/线色/线宽以及线条应用范围等选项设置)；

2)“页面边框”选项卡下，为当前文档的所有页面添加边框(应用于整个文档的每个页面，可不必选定文本)；

3)“底纹”选项卡下，为所选文字添加填充色。

(3)项目符号和编号：为项目段落文字添加符号标记。

所选项目文字，单击“格式”→“项目符号和编号”：选择合适的符号标记(或“自定义”选择)，确定。

(4)调整宽度：将所选文字以字符数为标准调整宽度。

选定字符，单击“格式”→“调整宽度”：设置合适的字符数，确定。

(5)文字方向：可设置文字排列方向为竖向。

(6)首字下沉：为段落第一个字符设置下沉或悬挂效果。

选定首字，单击“格式”→“首字下沉”：选择下沉/悬挂效果，设置下沉行数，设置字符选项，确定。

四、图形图片的引用和编辑

Word 提供了 3 种可直接引用的图形对象，包括图片、自选图形、艺术字。

1. 图片

引用外部图片到指定位置。定位插入点，单击“插入”→“图片”→“来自文件”：选择图片文件的保存位置，选择合适的图片，确定插入即可。

(图片插入后，系统一般自动给出“图片”工具栏，可利用该工具栏对图片的属性进行调整，如图片的显示模式/图片的亮度和对比度/图片的剪裁/图片的外框/文字环绕方式〈＊注：图片插入后，一般以“嵌入型”与文字进行混排，可调整为其他方式，以便图片的移动〉等)

2. 自选图形

Word 提供了多种图形形状，用户可根据需要拖放绘制。单击“插入”→“图片”→“自选图形”：系统给出“绘图”工具栏，用户可利用该工具栏上的相关工具，进行图形绘制以及修饰。

(1)插入：单击“自选图形”，在打开的图形列表中选择合适的形状对象，在页面中拖放绘制完成。(线条类图形绘制时，双击完成绘制；标注类的自选图形可直接进行文字录入)

(2)图形的移动/缩放可通过鼠标拖放完成。(选定图形：要在图形位置任意处单击，或者选择工具栏上“挑选”工具，将要操作的图形区域框选；按下 Ctrl 键不放，依次单击/框选可选定不连续的任意图形对象)如图 4－5 所示，为图形被选定的状态。

(3)图形修饰：利用绘图工具栏上填充/线色/字体颜色/实线线型/虚线线型/箭头样式以及阴影和三维效果为当前所选图形进行修饰。如图 4－6 所示。

(4)图形特效：利用绘图工具栏上“绘图”菜单，如图 4－7 所示。

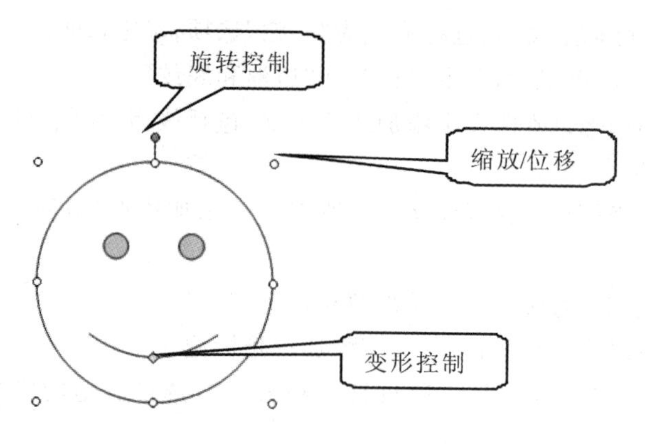
旋转控制
缩放/位移
变形控制

图 4-5

图 4-6

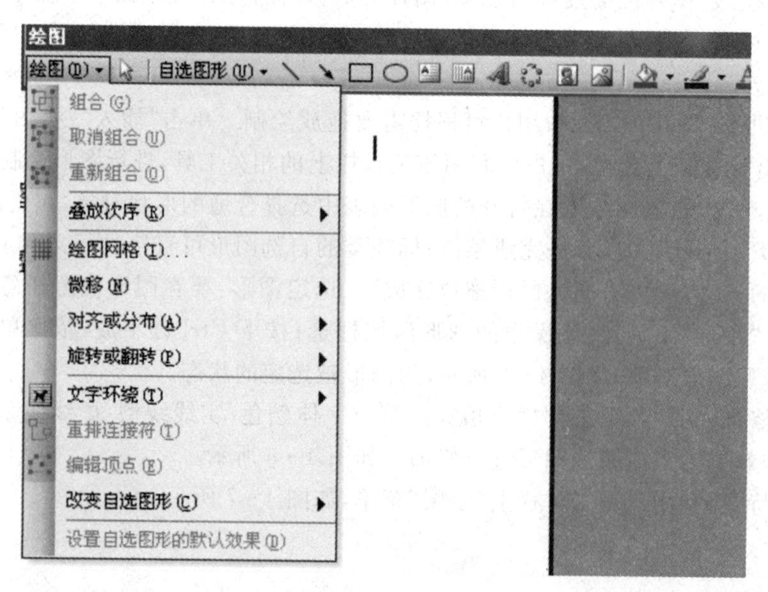
绘图
绘图(D)
自选图形(U)
组合(G)
取消组合(U)
重新组合(O)
叠放次序(R)
绘图网格(I)...
微移(N)
对齐或分布(A)
旋转或翻转(P)
文字环绕(T)
重排连接符(T)
编辑顶点(E)
改变自选图形(C)
设置自选图形的默认效果(D)

图 4-7

1)组合:将多个图形对象组合为一个整体图像。

同时选定多个图形对象,单击“绘图”—“组合”。如需取消,选定图形,单击“绘图”—“取消组合”即可。

2)叠放次序:将相互叠加显示的图形对象次序进行调整(上下方向的调整)。

选定图形对象,单击“绘图”→“叠放次序”:选择合适的调整方式(上移一层/下称一层;置于顶层/置于底层等)。

3)对齐和分布:将多个图形对象的位置对齐或在同一个图文框中进行平均分布。

选定多个图形对象,单击“绘图”→“对齐和分布”:选择合适的对齐或分布方式即可。

4)文字环绕:是将图形与正文文字之间的混排版式确定。

选定图形对象,单击“绘图”→“文字环绕”:选择合适的环绕方式(四周型/紧密型;上下型;浮于文字上方/衬于文字下方等)。

3. 艺术字

Word 提供了多种艺术字形式,用户可将艺术字看作是“以文字为形状的自选图形”,单击“插入”→“图片”→“艺术字”:选择合适的样式,编辑文字,确定。

艺术字编辑和修饰与自选图形相似,可利用“艺术字”工具栏和“绘图”工具栏完成艺术字的调整和修饰,如图 4-8 所示。

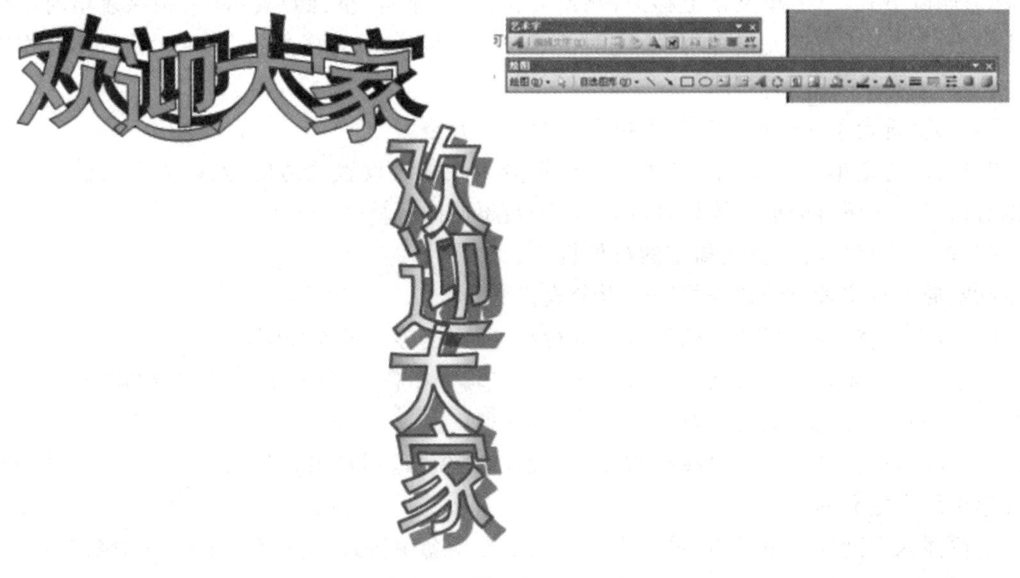

图　4-8

五、Word 表格的编辑及处理

1. 表格的插入和绘制

(1)绘制表格。利用“表格和边框”工具栏的绘制工具,如图 4-9 所示。

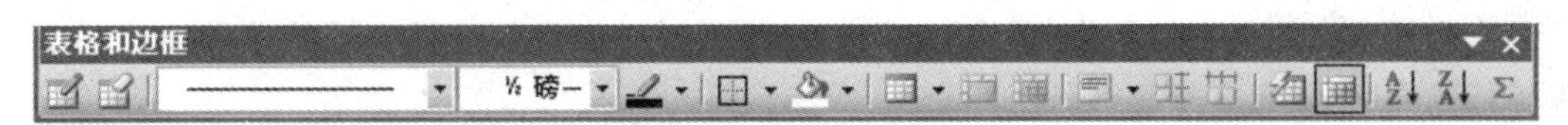

图　4-9

完成表格的绘制(即通过鼠标拖放完成)。

(2)自动制表。单击"表格"→"插入"→"表格":设置合适的行数/列数,选择合适的自动制表方式(固定列宽/根据内容调整表格/根据窗口调整表格),确定。说明:表格中单元格的字体/段落等修饰与正文文字完全一致。

2.表格的调整

表格中一个单元格为一个段落。对表格内容的字体/段落/对齐等格式进行设置时,要注意选定相应的单元区域。

单元区域的选定可通过鼠标拖放任意选定,也可在表格左侧或上方对行/列进行选定,定位插入点到任意单元格,单击"表格"→"选择"→"行/列/单元格/表格"也可。

(1)行高/列宽的调整。用户将鼠标指针定位到相应的线框处,鼠标拖放任意调整即可。或者单击"表格"→"表格属性":根据需要在"行/列/表格"等选项卡下,指定固定的宽度或高度也可。

(2)行/列/单元格的插入。选定行/列/单元格,单击"表格"→"插入"→"行(在上方/在下方)"/"列(在左侧/在右侧)"。*插入若干个单元格时,注意选择单元格的插入方式:活动单元格向下移/活动单元格右移或者整行/列的插入。

(3)行/列/单元格/表格的删除。选定行/列/单元格,单击"表格"→"删除":行/列/单元格(*注意删除方式:下方单元格上移/右侧单元格左移/整行/整列)/表格(*删除表格时,只需将插入点定位到任意单元格即可)。说明:Delete键清除的单元格内容,对单元格框不起作用。

(4)单元格的合并和拆分。

1)合并:选定单元区域,单击"表格"→"合并单元格"。

2)拆分:选定单元区域,单击"表格"→"拆分单元格":设置合适的行数,列数,确定。拆分是将所选单元区域拆分成与原区域的行数/列数不同的区域。

(5)拆分表格。将表格在指定的行处拆分。

确定插入点位置,单击"表格"→"拆分表格"。

(6)自动调整。将表格行/列等自动进行高度/宽度等的平均分配。

选定单元区域,单击"表格"→"自动调整":平均分布各行/平均分布各列/根据窗口调整表格/根据内容自动调整/固定列宽。

(7)表格自动套用格式。Word提供了多种表格模板,用户可根据需要选择合适的模型直接应用于用户定义的表格。

定位插入点到任意单元格,单击表格—表格自动套用格式:选择合适的模板,确定。

(8)标题行重复。适用于行数较多,分多个页面的较大的表格。

选定调整修饰完毕的表格标题行,单击"表格"→"标题行重复"(在第2,3,4,…页面的第一行自动重复该标题)(原始标题行发生变动,重复的各页标题行随之发生变化)。

(9)绘制斜线表头。斜线表头如图4-10所示。所谓表头,即表格中第一个单元格。另外还有其他样式,用户可根据需要选择(在制作表头时,注意一定要将第一个单元格的列宽/行高调整到一定的尺寸才可以)。

定位插入点到表头单元格,单击"表格"-"绘制斜线表头":选择合适的表头样式(5种),编辑标题文字,设置字号等,确定。

六、Word 文档的打印输出

用户确定文档需要打印输出，则需要在进行页面排版前，先将页面设置的相关步骤完成。

(1)页面设置：即指定纸型/页边距、纸张方向/页眉、页脚距边界的距离等。在第一节中介绍过，此处略。

(2)编辑文字，图形对象，制作表格，进行图文表页面混排。

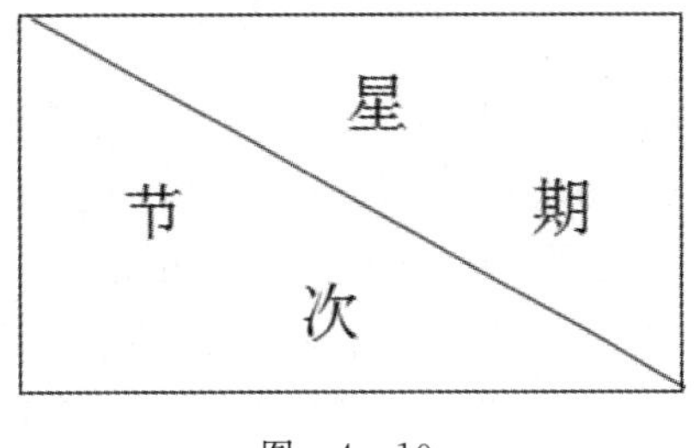

图　4－10

(3)排版过程中，通过“文件”→“打印预览”：预览版面编排效果。在打印预览状态下，可通过调整显示比例/显示页数等查看。

(4)页眉和页脚的编辑：在 Word 中，页眉/页脚区的编辑与正文编辑区不能同时完成。单击“视图”→“页眉和页脚”用户可转入其编辑区，在页眉和页脚编辑区内，用户自定义输入的字符(包括文字/数字/符号等)默认状态下每页文本完成一致，如果需要，用户在“页面设置”的“版式”选项卡下，可设置“页眉/页脚”首页不同或奇/偶页不同。

用户可利用“页眉和页脚”工具栏，插入各种自动图文内容。如图 4－11 所示。

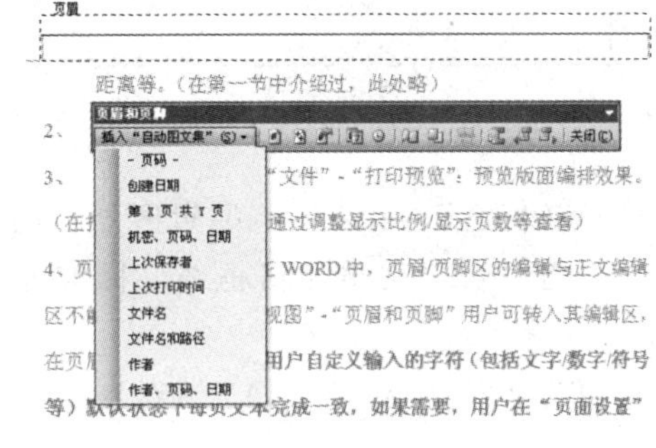

图　4－11

(5)打印输出：单击“文件”→“打印”：

1)打印机名称一般默认(如果当前电脑连接有多台打印机，用户注意选择要使用的打印机名称即可)。

2)页面范围：全部/当前页(是指插入点所在的一页)/页面范围(可指定文档中固定的页数进行打印输出)。

3)副本份数，注意是否进行“逐份打印”，确定。

任务二　Excel 操作及应用

一、Excel 基本认识

1. Excel 定义：

Excel 是 Office 办公软件组中专门针对于表格编辑处理，以及数据运算和数据统计分析的应用软件。与 Word 表格相比，Excel 是专业进行表格制作，特别是数据运算和统计分析的应用软件。

2. 启动

3. Excel 窗口的基本构成

(1)标题栏：启动 Excel 后，自动生成一个默认名为“Book1”的空白 Excel 文档——工作簿。一般默认有 3 张工作表 Sheet1/Sheet2/Shee3.一个工作簿最多可插入 255 个工作表。

(2)菜单栏。

(3)工具栏。

(4)编辑栏：是 Excel 比 Word 多出一项工具栏。Excel 中表格数据的运算编辑要通过该工具栏完成。单击“视图”－“编辑栏”，可显示/隐藏该栏，由两部分组成：前面显示活动单元格名称，后面为文字运算式编辑区域。如图 4－12 所示。

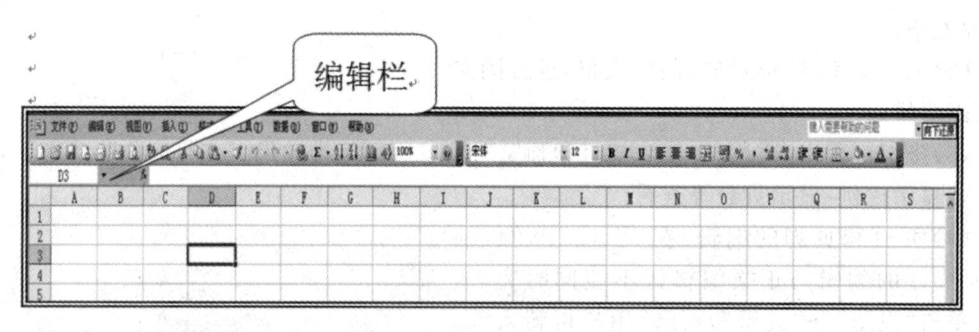

图 4－12

(5)编辑区：Excel 自动将编辑区划分为单元格。单元格线框为灰色框线，打印输出不可用。用户需要自定义单元格框线。标准的页面编辑区有 65536 行，256 列。其中行用数字 1－65536 表示，

列用英文字母 A—Z，AA—AZ，BA—BZ，……，IA—IV 表示。Excel2007 版一个工作表最多可有 1048576 行，16384 列。

每个单元格的名称由其所在列标和行号组成。如图中活动单元格的名称即为 D3(D 列第 3 行)(用户编辑的内容显示于活动单元格，用户通过键盘的上/下/左/右光标键定位即可)编辑区的左下角 Sheet1/Sheet2/Sheet3 为工作表标签，直接单击可在不同的工作表间切换，将标签拖放可移动其显示位置。工作表的插入/删除/重命名等操作直接在其标签处单击右键即可。如图 4－13 所示。

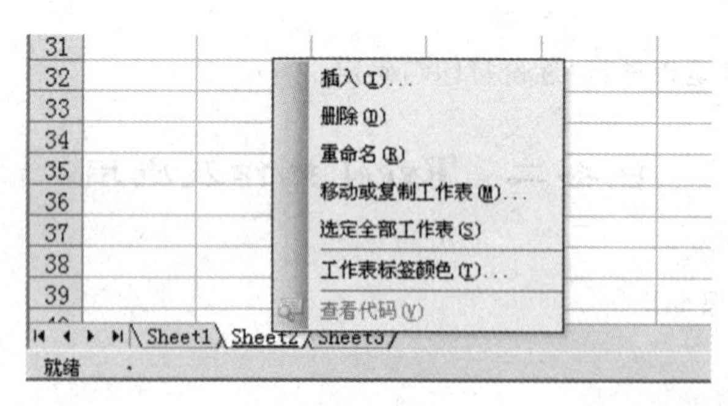

图 4－13

4.编辑表格的注意事项

在编辑区内任意连续单元格区域编辑表格文字内容，用户需自定义表格边框格式。

默认状态下，击回车切换到下一个单元格或者使用键盘上方向键调整位置也可。

Excel 中单元格内字符不会自动换行，允许字符内容覆盖相邻单元格区域。

Excel 中输入数字时，默认是常规型数字，数字格式需要用户自定义。

如果输入表示编号/序号一类的数字时，可先输入“‘”再输入数字，系统会自动将数字转换为字符型格式，利用活动单元格右下角的填充柄拖放可自动填充序列，如图 4－14 所示。

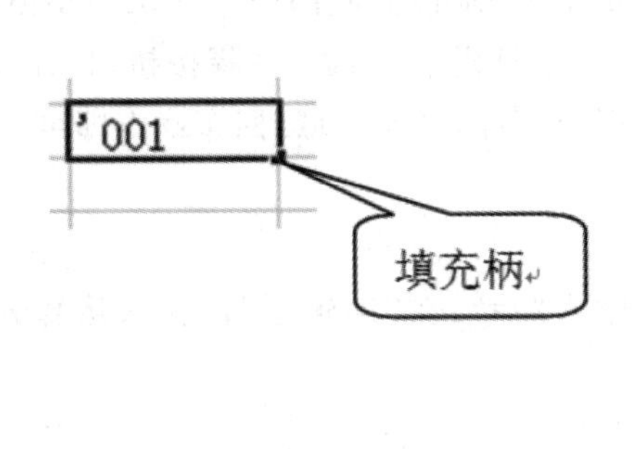

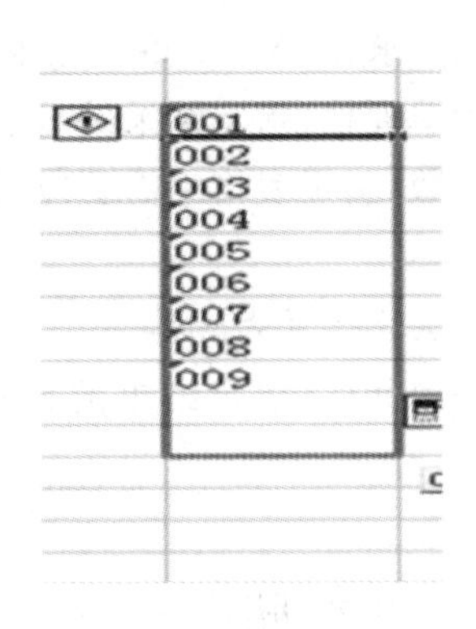

图　4－14

(1)行高/列宽调整：通过鼠标定位到列标/行号处，拖放调整；或者选定行/列/单元区域，单击“格式”→“行”/“列”→“行高”/“列宽”：指定行高/列宽值。

(2)行/列/单元区域的插入：选定行/列/单元区域，单击“插入”→“行”/“列”/“单元格”(注意插入方式的选择)

(3)行/列/单元格的删除：选定行/列/单元区域，单击“编辑”—“删除”。

(与单元格内容的“清除”区分开：清除可对单元格内容/格式/全部进行清空，单元格框线不动。可选定单元区域，单击“编辑”→“清除”：格式/内容/全部)

(4)单元区域的移动/复制与 Word 操作一致。

(5) Excel 中也可进行撤销/重复等操作。

(6)Excel 中，用户编辑单元格内容，单元格内文字字符的字体/数字/边框/底纹等格式修饰，可通过“格式”→“单元格”对话框选项完成设置。如图 4－15 所示，用户可分别根据需要设置。

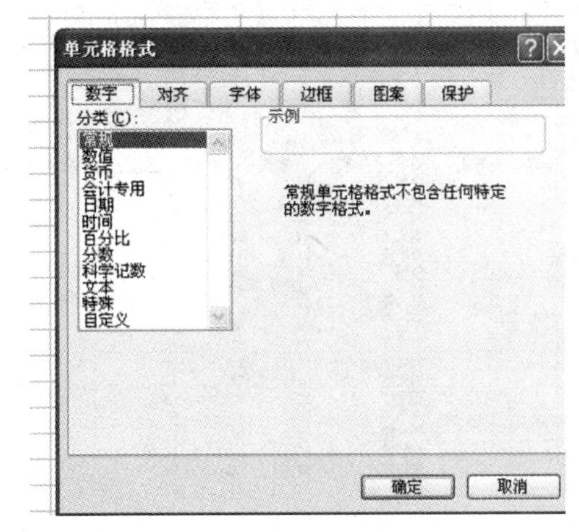

图　4－15

1)数字：调整所选单元区域内数字的基本格式。

2)对齐：设置单元格内容在水平/垂直方向上的对齐方式，并可设置竖排文本，设置“文本控制”选项：自动换行/缩小字体填充/合并单元格。

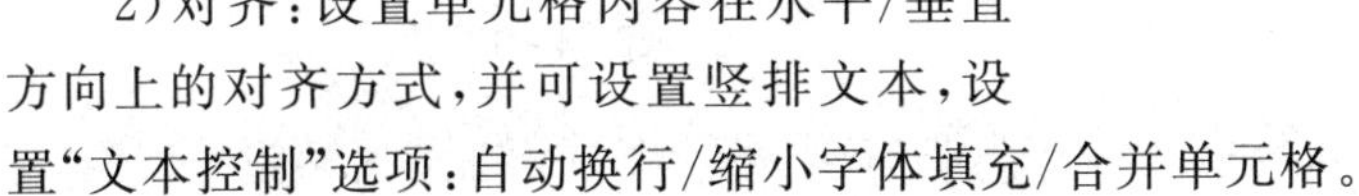

3)字体/边框/图案/保护。

二、Excel 表格的数据运算

Excel 提供了强大的数据运算功能。Excel 的数据运算主要通过两种方式完成：①直接引用函数公式进行运算;②编辑数学表达式进行运算。

1. 利用函数公式运算:

一般办公要求掌握的函数公式有以下:

Sum——求和;AVerage——求平均值;Max——求最大值;Min——求最小值;Count—计数。设活动单元格(指定结果的显示位置),单击工具栏上"函数"选择按钮,打开函数列表,选择相应的函数,引用表格中需要应用该函数进行计算的单元区域,回车确定即可。如图 4-16 所示。

2. 编辑数学运算式计算

设活动单元格(指定结果的显示位置),输入"=":在"编辑栏"内输入运算式,回车确定即可。

说明:

(1)Excel 中允许用户输入常量和变量组成运算式。常量:即固定数字;变量:Excel 中可用数字所在单元格名称表示变量。(注意编辑栏内显示的运算式)用户引用变量时,可直接输入单元格名称,或者鼠标依次选定。

(2)运算式中,+ - * /以及()等运算符不可省略。

(3)引用变量运算得到的计算结果,可用于"逻辑运算"。即设结果所在单元格为活动单元格,对右下角的填充柄进行鼠标拖放,可将其公式复制到相应的行/列,自动计算出其他结果。如图 4-17 所示。

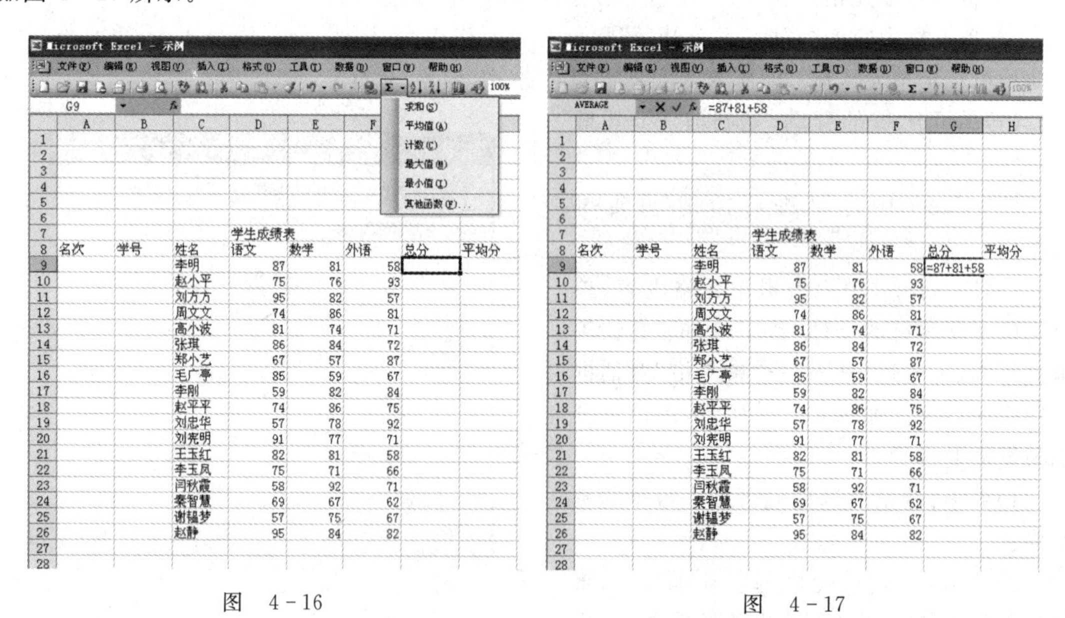

图 4-16　　　　图 4-17

三、表格数据的统计与分析

表格数据的统计与分析主要是对表格原始数据以及计算结果等数据进行分析处理。

条件格式:将所选单元区域内符合条件的单元格数字进行突出显示(通过字体颜色/边框等修饰)。

选定单元区域，单击“格式”→“条件格式”，如图 4－18 所示。

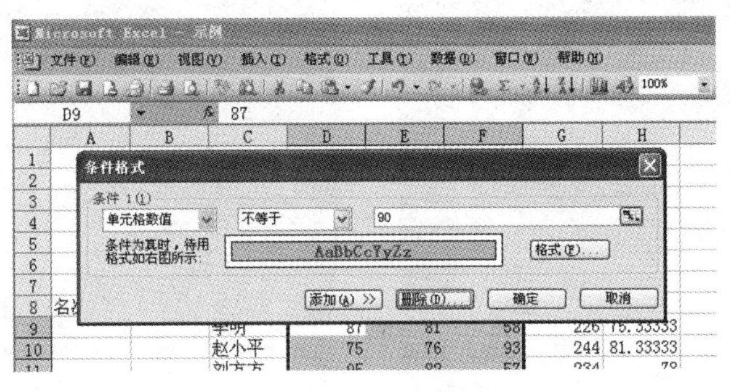

图　4－18

设定数值范围，单击“格式”，指定突出显示格式，确定。

说明：单击“添加”，对同一个所选区域可增加显示条件及格式。最多可同时设置三个条件及格式。

任务三　打印机的安装及使用方法

一、打印机的安装步骤

(1)在打印机驱动安装盘找到相应的驱动安装文件，双击该图标，启动驱动安装程序，如图 4－19 所示。

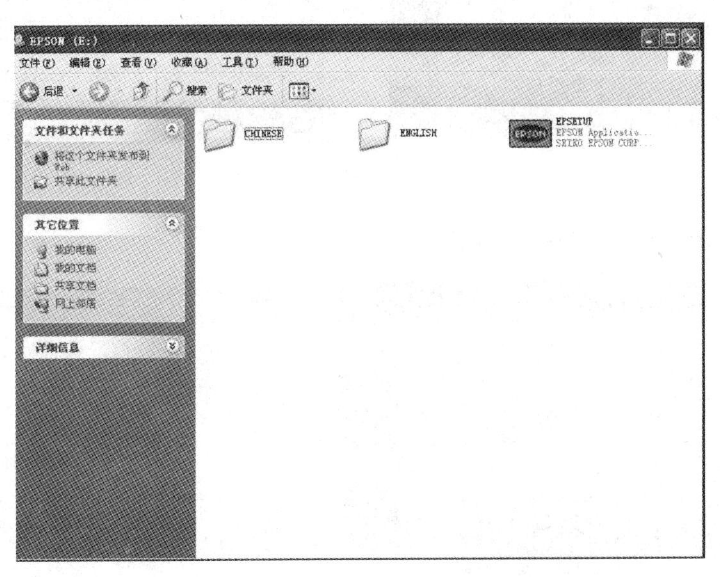

图　4－19

(2)启动后，如图 4－20 所示，点击“下一步”。

(3)在弹出的界面中选择“简易安装”，如图 4－21 所示。

图 4-20

图 4-21

(4)选择"安装"按钮，如图 4-22 所示。

(5)在弹出的安装协议对话框中，选择"同意"按钮，如图 4-23 所示，则系统开始安装打印机驱动程序，如图 4-24 所示。

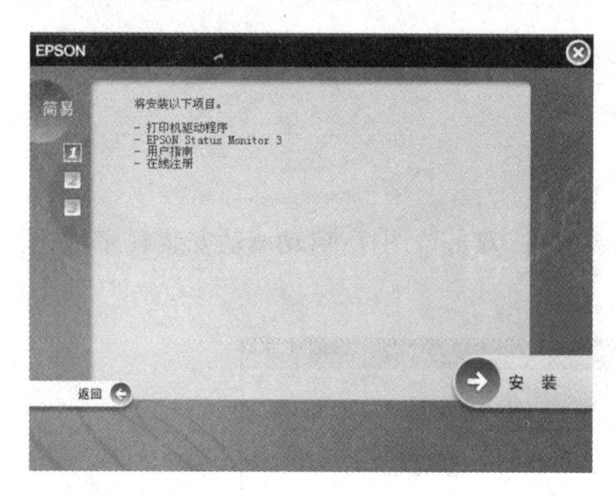

图 4-22

图 4-23

(6)在出现"选择打印端口时"，选择手动，如图 4-25 所示。

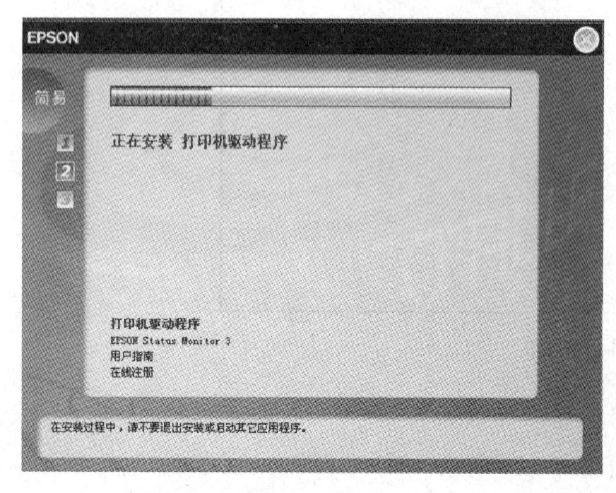

图 4-24

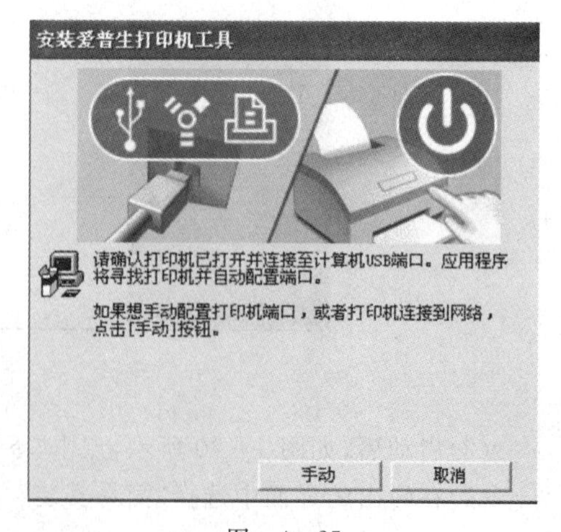

图 4-25

(7)选择“USB001(virtual printer port for USB)”,点击“确定”按钮,如图 4－26 所示。

(8)直到出现如图 4－27 提示框时,表示打印机驱动安装完毕,点击“退出”按钮即可。

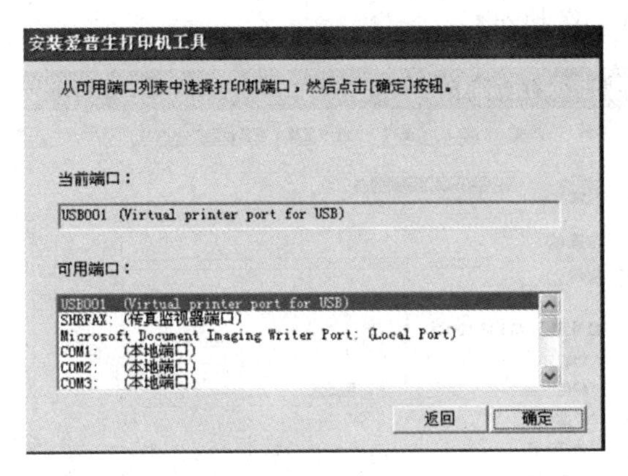

图　4－26

图　4－27

二、打印机设置

在打印机驱动安装完毕后,需要设置相对应的参数后,方能正常工作。

(1)在电脑左下角点击“开始”→“设置”→“打印机和传真”,进入打印机属性设置界面,如图 4－28 所示。

(2)在界面空白处 右击鼠标,在弹出的对话框中选择“服务器属性”,如图 4－29 所示。

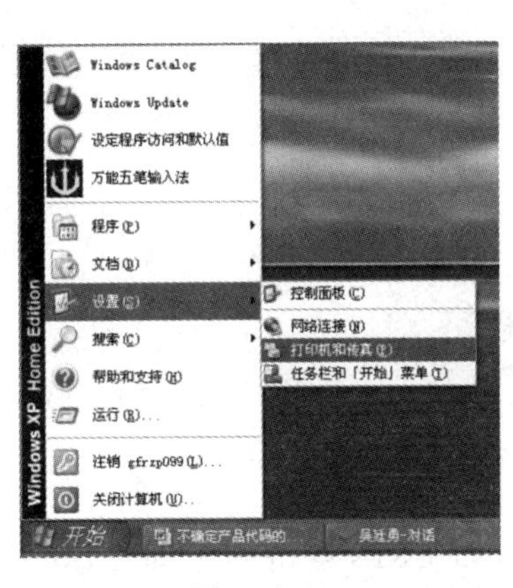

图　4－28

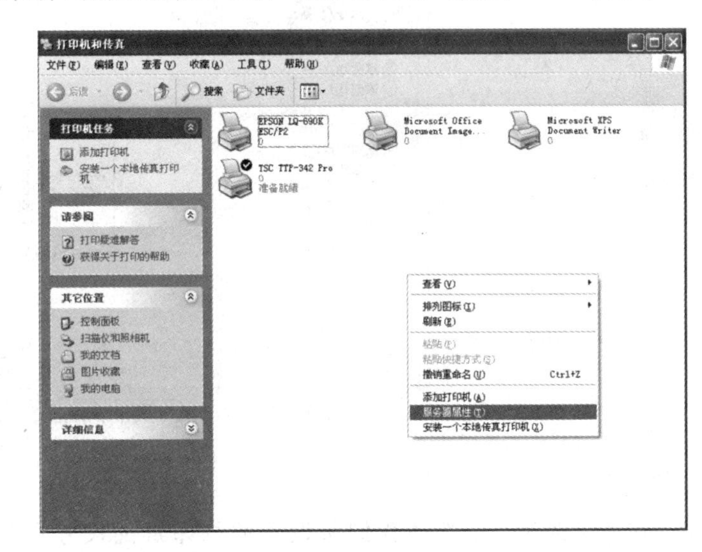

图　4－29

(3)设置打印纸张尺寸大小。在“打印服务器属性”界面中,新建一个“表格名”,如“ERP”,在格式描述(尺寸)中,单位选择“公制”,设置一下纸张大小即可,(如果所要打印的三联或五联纸为 10＊12.5cm,以纸的撕裂线为准,点击“确定”,就完成了打印纸参数的设置,如图 4－30 所示。

(4)选择所设置纸尺寸的格式:

1)右击"打印机"→"选择属性",在常规选项卡中点击"打印机首选项",如图 4-31 所示。在弹出的对话框中点击"高级"按钮,如图 4-32 所示。

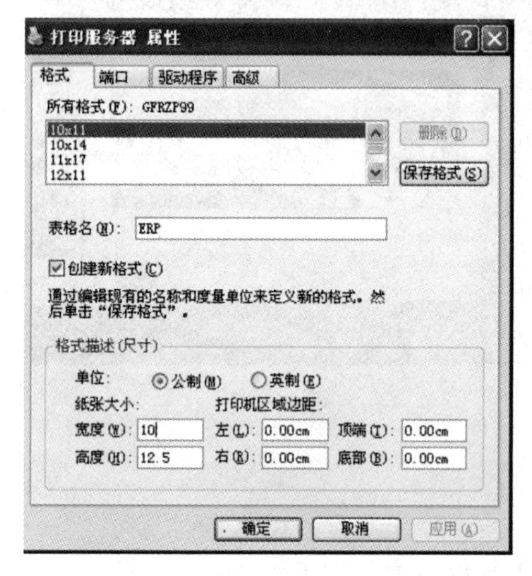

图 4-30

图 4-31

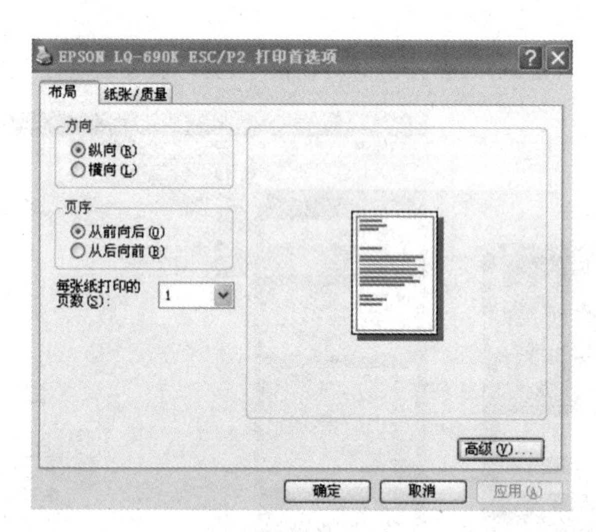

图 4-32

在高级选项卡中选择我们所设置的打印纸的尺寸名称,如 ERP,点击确定即可,如图 4-33 所示。

2)在打印机属性中选择"设备设置"选项卡,在对话框中"手动进纸"相中选择"ERP",点击"确定"即可,如图 4-34 所示。

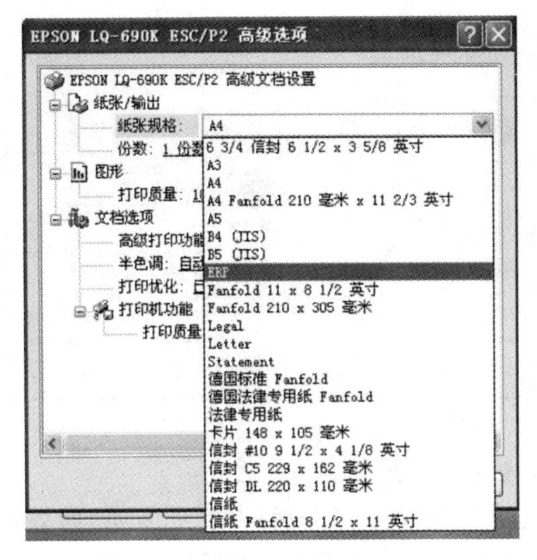

图　4－33

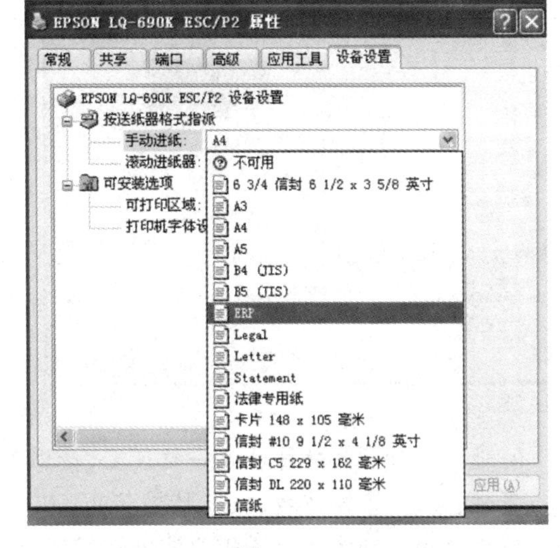

图　4－34

三、常见问题及处理方法

打印机不能打印时，应从以下几方面解决：

(1)在打印机属性中“脱机使用打印机”前面的“√”是否选中，如果选中的话，把前面的“√”去掉。

(2)把本地打印机设置为“默认打印机”。

(3)打印纸格式大小是否与打印机属性中设置的格式一致。

(4)查看打印机与电脑的数据线是否连接正确。

(5)打印在使用过程中，需重启的话，在关闭电源后须等待

任务四　制作电子相册

在视频、电影流行的时代，静态的相片展示已经无法满足人们的需求。制作电子相册，成为了当下非常流行的方式。人们可以根据自己的创意，制作不同主题和特效的电子相册。为实现创意和酷炫的电子相册制作的追求，国内最流行的电子相册制作软件《数码大师》，也受到大家的喜爱。不仅为电子相册制作提供了多种方案，还有近500种的酷炫相片转场特效智能渲染。心动不如行动，我们一起去试试吧。

1.制作多种酷炫电子相册，悉数导入相片，巧用旁白注释特效

制作电子相册，数码大师有许多酷炫的方案。我们可以做本机相册、视频相册、网页相册、礼品包相册等等。应用在生活的方方面面，娱乐大家。首先，我们先点击“添加相片”按钮(见图4－35)，将相片悉数导入软件中，然后点击“修改名字/注释/旁白”按钮(见图4－36)，为制作的电子相册添加详细的字幕说明。

2.导入动听的背景音乐，酷炫MTV字幕方便跟唱

点击“添加媒体文件”按钮，导入各种风格的音乐，并点击“插入歌词”按钮，为歌曲插入LRC歌词。软件支持MTV动感字幕特效，让你打造类似MV的视频效果。如图4－37所示。

图 4－35

图 4－36

3. 近 500 种相片转场特效一键设置，动感场景营造唯美氛围

卷轴、散射、帘窗特效、枫叶特效等近 500 种相片转场特效，常规特效和众多 3D 特效都有。软件自动为制作的电子相册渲染转场特效，当然只需点击“应用特效到指定相片”按钮，即可一键设置的。还有鲜花飘落、爱心泡泡、落叶、烟雨朦胧等梦幻场景，激活“彩蛋”功能，即可自由编排和多选的，如图 4－38 所示。

图 4－37

图 4－38

4. 用精美的相框装饰相片，为电子相册制作一个精美的封面

接着，我们可以用精美的相框装饰精美的相片。点击“礼品包封面详细设置”按钮，为电子相册制作一个精美的封面的，如图 4－39、图 4－40 所示。

图 4－39

图 4－40

项目五　计算机的日常维护

计算机在日常学习、工作过程中比较容易出现问题的，出现了问题是我们自己动手解决还要请其他人帮助呢？我想只要学了这个内容之后，你就可以自己的地盘自己做主了。

知识结构

- 计算机硬件的维护。
- 计算机软件的维护。
- QQ 的安全维护。
- 计算机病毒。

知识目标

- 了解计算机日常维护注意事项。
- 掌握复读机维护的基本方法。
- 熟练常用硬件的维护。
- 掌握软件维护的方法。
- 了解 QQ 安全常识。
- 了解计算机病毒的概念、分类。
- 掌握常用杀毒软件的使用。

能力目标

- 能够解决计算机常见的问题。
- 能够保护自己的 QQ 安全。
- 能够防防自己的计算机减少危害。
- 锻炼学生动手实践能力。
- 展开自主学习，小组合作学习，锻炼学生合作、交流和协商能力。

岗位目标

掌握计算机常见问题的解决方法，胜任计算机维护及安全保护工作。

任务一　计算机硬件的维护

学习内容

(1)熟悉计算机的使用环境;

(2)掌握计算机硬件维护的方法及常见硬件的维护。

任务描述

该任务就是让学生熟悉计算机的使用环境,了解计算机硬件维护的方法及常见部件的维护。

任务准备

每人一台或每组 1 台完整的计算机及相关外部设备。

课程内容

工作、生活中我们用电脑的次数多了,维护工作也就显得比较重要了,做好计算机的日常维护,使计算机保持最佳的工作状态,更能延长计算机的使用寿命。

一、使用环境

计算机的使用环境是指计算机对其工作的物理环境方面的要求。一般的微型计算机对工作环境没有特殊的要求,通常在办公室条件下就能使用。

基本要求:

1. 环境温度

微型计算机在室温 15°～35°之间一般都能正常工作。若高于 35°,则由于计算机散热不好,影响计算机内各部件的正常工作。在条件允许的情况下,最好将计算机放置在有空调的房间内。

2. 环境湿度

在放置计算机的房间内,相对湿度最高不能超过 60%,否则会使计算机内的器件受潮变质,甚至会发生短路,损坏计算机。相对湿度也不能低于 20%,否则会由于过分干燥而产生静电干扰,引起计算机的错误动作。

3. 洁净要求

通常应保持计算机房间洁净。如果机房内尘埃过多,灰尘附落在电子元器件上,可能引起短路。

4.电源要求

微型计算机对电源有两个基础要求：一是电压要稳；二是在工作时供电不能间断。电压不稳不仅会造成磁盘驱动器支行不稳定，引起读写数据错误；而且对显示器和打印机也会有影响。为了获得稳定的电压，可能使用交流稳压电源。为了防止突然断电对计算机工作的和，最好装备不间断供电电源（UPS），以便能使计算机在断电后继续工作一小段时间内，使操作人员能及时处理完计算机工作或保存好数据。

5.防止干扰

计算机的附近应避免磁场干扰，计算机工作时，应避免附近存在强电设备的开关动作。因此，在机房内应尽量避免使用电炉、电视或其他强电设备。

二、日常维护

计算机的日常维护主要应注意以下几点。

（1）对所有的系统软件要做备份。当遇到异常情况或某种偶然原因时，可能会破坏系统软件，此时需要重新安装软件系统，如果没有备份 的系统软件，将使计算机难恢复工作。

（2）对重要的应用程序要备份。

（3）经常注意清理磁盘上无用的文件，以有效地利用磁盘空间。

（4）避免进行非法的软件复制。

（5）经常检测，防止计算机传染上病毒。

（6）为保证计算机正常工作，必要时用软件工具对系统区进行保护。

三、微型计算机维护的基本方法

1.观察法

许多计算机故障可以通过观察检查出来，例如接插头是否插好，计算机经常死机可能是风扇不转等。因此，观察法是维护计算机最重要的方法。观察不仅要认真，而且要全面。观察的内容包括：

（1）周围的环境，如温度、灰尘等。

（2）硬件环境，接插头是否插好，元件是否异常等。

（3）软件环境，如启动是否正确，驱动程序是否匹配等。

2.逐步添加/去除法

逐步添加法即以最小系统为基础，每次只向系统添加一个设备或软件，检查故障现象是否消失或发生变化，以此判断并定位故障部位。

逐步去除法与逐步添加法的操作相反。

逐步添加/去除法与防污染的方法配合，能更准备地定位故障部件。

3.替换法

用好的硬件代替可能有故障的硬件，以判断故障现象是否消失。

4.敲打法

一般用在怀疑某设备有接触不良的故障时，通过振动、适当的扭曲，甚至敲打的方法使故障复现和消失，从而判断故障位置的维护方法。

四、计算机硬件的维护

1. 硬件维护的注意事项

(1)有些原装和品牌机在保修期内不允许用户自己打开机箱，如擅自打开机箱可能会失去一些厂商提供的保修权利，用户应该特别注意。

(2)由于计算机板卡上的集成电路多采用 MOS 技术制造，在打开机箱之前，应释放身上的静电，可以设法将手接触一下墙壁或管道等。

(3)各部件要轻拿轻放，尤其是硬盘、光驱。

2. 清洁机箱内表面的积尘

家用电脑时间长了，机箱内表面的积尘比较多，可用拧干的湿布擦拭。各种插头插座、扩充插槽、内存插槽及板卡一般不要用水擦拭。

3. 清洁插槽、插头、插座

(1)需要清洁的插槽包括各种总线(1SA，PCI，PCI—E，AGP)扩展插槽、内存条插槽、各、种驱动器接口插头插座等。

(2)各种插槽内的灰尘一般先用油画笔清扫，然后再用吹气球或者电吹风吹尽灰尘。

(3)插槽内金属接脚如有油污可用脱脂棉球沾电脑专用清洁剂或无水乙醇去除。购买清洁剂时一是检查其挥发性能，当然是挥发越快越好；二是用 pH 试纸检查其酸碱性，要求呈中性，如呈酸性则对板卡有腐蚀作用。

4. 清洁 CPU 风扇

清理电脑机箱里风扇的灰尘一般在清洁的环境里每年做一次也就可以了，如果工作环境灰尘比较大，可以根据实际情况几个月或半年做一次也是可以的。具体作法是：关闭电脑所有的电源，并且要把电源插头从电源的插座上拔下来，然后拆下主机，打开机箱，用吸尘器把机箱里的灰尘小心的吸干净，不要碰到机箱里其他的硬件，再拔下显卡，把显卡和 CPU 的风扇小心的拆下来，用小毛刷轻轻的刷干净，用薄刀片小心地把风扇上的不干胶封剥下来，打开里面的硅胶封，在轴承上滴一滴或二滴稀质机油，封好胶封和不干胶，装回原位即可。最后是拔下主板和硬盘、光盘、软盘上的电源线，卸下电脑的电源盒，拆开封盖，清理干净风扇和内部的灰尘，给风扇上好油装回就可以了。这项工作看起来比较简单，但做起来一定要小心，特别是不要碰坏了其他的电脑内部硬件，在拆卸时一定要看清拆卸部位，不要乱拆和用力硬拉，这样都可能造成电脑的故障和损坏。重新安装完成后，应该把内存条再重新插插，防止在拆卸的过程中造成松动不能开机。

5. 清洁内存条和适配卡

内存条和各种适配卡的清洁包括除尘和清洁电路上的“金手指”。除尘用油漆刷即可。如果有灰尘、油污或者被氧化均会造成接触不良。可用橡皮擦来擦除金手指表面的灰尘、油污或氧化层，切不可用砂纸类东西来擦试金手指，否则会损伤极薄的镀层。

6. 显示器的日常维护

不要太频繁地开关显示器，开和关之间最好间隔一两分钟，开、关太快，容易使显示器内部瞬间产生高电压，使电流过大而将显像管烧毁。如果有一两个小时都不用显示器的话，最好把显示器关掉，对于家用 PC 机来说，建议在晚上不用的时候把整套设备都关掉。显示器内部的高压高达 10～30kV，这么高的电压极易吸引空气中的灰尘，控制电路板吸附太多灰尘的话，将会影响电子元器件的热量散发，使元器件温度上升烧坏元件。灰尘也有可能吸收空气中的水分，腐蚀显示器内部的线路，造成一些莫名其妙的故障。

最好给显示器购买一个专用的防尘罩，每次使用完后应及时用防尘罩盖上，清除显示器屏幕上的灰尘时，切记将显示器的电源关掉，还应拔下显示器的电源线和信号电缆线，用软布从屏幕中心向外擦拭，如果灰尘难以清除，可用脱脂棉沾限少量水小心擦拭，千万不能用酒精之类的化学溶液擦拭，另外，长期使用的显示器机壳内会积攒大量灰尘，不清除会加速显示器的老化，可以用毛刷擦除显示器机壳上的灰尘与污垢，要用干布擦拭，尽量不用沾水的湿布抹擦。注意不要碰坏电路元件。强光会使屏幕反光而造成画面昏暗不清，在工作的时候面对显示器极易伤害眼睛，还会加速显像管荧光粉的老化，降低发光效率，缩短显示器的使用寿命。因此，不要把显示器摆放在日光照射较强的地方，夏季在光线必经的地方挂一块深色的布以减轻它的光照强度。

7. 键盘的日常维护

保持清洁，不将液体洒到键盘上，在按键的时候一定要注意力度适中，动作要轻柔，强烈的敲击会减少键盘的寿命，尤其在玩游戏的时候按键时更应该注意，不要使劲按键，以免损坏键帽。在更换键盘时不要带电插拔，带电插拔的危害是很大的，轻则损坏键盘，重则有可能会损坏计算机的其他部件，造成不应有的损失。

8. 鼠标的日常维护

随着人们对鼠标要求的进一步提高，原有的机械鼠标与光机鼠标越来越不能适应要求，于是出现了新一代的光电鼠标。不过，光电鼠标的出现并不顺利，它也经历了第一代光学鼠标与第二代光电鼠标的演变，才发展成今天我们在市场上所看到的主流光电鼠标。点击鼠标时不要用力过度，以免损坏弹性开关。最好配一个专用的鼠标垫，还可起到减振作用，保持光电检测元件。使用光电鼠标时，要注意保持感光板的清洁使其处于更好的感光状态，避免污垢附着在以光二极管和光敏三极管上，遮挡光线接收。

在平时使用计算机的时候，多注意一下计算机的维护，不但可以尽量地延长机器的使用寿命，最主要的是能让计算机工作在正常状态，为我们的日常工作和娱乐提供服务，希望以上所列出的计算机的维护能对你有所帮助，使计算机真正成为我们工作中的好助手，而不是成为一种负担。

知识链接

1. 微型计算机的概念和 PC 的概念

微型计算机就是以微处理器为基础，配以内存储器及输入/输出(I/O)接口电路相应的辅助电路而构成的计算机。PC 就是个人计算机(Personal Computer)，PC 都是微型计算机。

2. DIY 的概念

DIY 是英文 Do It Yourself 的缩写，可译为自己动手做，意指“自助的”。自从计算机部件模块化之后，计算机的 DIY 也逐步被广大消费者所认同，计算机内部部件、计算机周边外部设备以及耗材的零售通路的建立及产业化之后，在全球范围中形成了微型计算机硬件的 DIY 热。

早期的 DIY 用户主要是为了省钱，按需配置，而当今，根据个性需求，按自己想法和兴趣对自己的爱机进行任何的改造和技术尝试，渐渐形成潮流。

实训操作

(1)根据所提供的计算机，观察并说出每一个外部接口的名称。

(2)计算机外部连接线拆卸后，重新连接。

(3)打开机箱后，认真观察机箱内各部件名称及所在位置。

(4)拆卸每个硬件后能正确安装上去。

任务二　计算机软件的维护

学习内容

(1)软件维护的内容。

(2)维护工具的使用。

任务描述

该任务就是让学生了解软件维护的注意事项及软件维护工具的使用。

课程内容

电脑用户也许会有这样的体会，一台 PC 经过格式化，新装上系统时，速度很快，但使用一段时间，性能就会有明显的下降，这固然与系统中的软件增加、负荷变大有关系。但问题是，添加新软件并不是造成系统负荷增加的唯一原因，比如硬盘碎片的增加，软件删除留下的无用注册文件，都有可能导致系统性能下降。其实，只要我们随时对电脑系统进行合理的维护，就可使 PC 永远以最佳的状态运行。

一、软件维护的内容

1. 操作系统的维护

做好系统的备份，现在我们常用的系统备份软件是 Ghost，用 Ghost 做好备份以后，即使你是一个计算机的初学者，也不怕系统崩溃了，只要机器一有故障，而自己又处理不了的话，用 Ghost 恢复出了问题的系统是个不错的办法。但前提是要事先做好系统分区的映像文件，以前要在 DOS 下使用，对新手来说难度较大，一旦出现误操作，可能导致整个分区的数据被破坏，而且 Ghost 的映像文件占用的磁盘空间也比较大。不过随着技术的进步，现在也有很多情况下是可以在 Windows 系统下备份和还原的，在这里我推荐雨林木风的一键 Ghost 工具，操作简单，只要点几下鼠标就可以轻松完成计算机的 Ghost 备份和还原工作。

当然，我们还可以用系统自带的还原方法来实现，系统还原是 Windows Me 时代就有的功能，到XP时代，这一功能得到了加强，除了具有系统还原的功能外，还可以监视系统和一些应用程序的更改，并且自动创建还原点，这个还原点就代表这个时间点的状态，如果由于操作不当导致系统出现问题，可以通过系统运行正常时创建的还原点来将系统还原到过去的正常状态，且不会导致已有的数据文件丢失，因为它仅检测选定的系统文件与应用程序文件的核心设置，不会检测个人数据文件的改变。可是我们现在常用的系统都把这个功能缩减了，因此我给大家推荐一个电脑城装机版的系统，现在的Ghost系统不仅集成了近几年电脑的驱动，还保留了很多XP的功能，真正实现了轻松安装系统。

2. 备份重要的数据

我们都希望自己的机器在使用的时候不出现任何问题，但是在实际的应用中，总会有这样那样的故障来困扰我们，使我们不能很顺利地完成自己的工作，如果不幸遇到计算机病毒，辛辛苦苦保存的重要数据丢失，将会造成不可挽回的损失。因此，重要的数据一定要做好备份，有条件的话，可以用一个小一点的硬盘来专门存放重要的数据和文档，现在计算机的更新换代相当快，升级剩下来的小硬盘完全可以拿来使用。即使没有多余的硬盘来使用，也要用U盘或是其他的存储设备来做好重要数据和文档的备份，现在随着技术和服务的进步，我们还可以把重要的文件存储到网络上，比如QQ的文件中转站，很好用，但是文件只能存储7天，快到期的时候就要续期，不然会被系统清除，因此不适合重要文件和不方便上网的用户使用。另外如果文件很重要而不太大的话，还可以考虑用免费网盘，当然网上还有很多的免费存储，在这里就不一一列举了，具体使用哪种网络存储，要看用户根据实际的情况选用了。

3. 安装防病毒软件

为了保证计算机系统的稳定和重要数据不因病毒的侵蚀而丢失，我们在自己的爱机上一定要安装防病毒软件。国产的几种防病毒软件都能达到防病毒的目的，而且价格又不太高，而且现在发行了免费的360杀毒配合360安全卫士都很好用。这样就可以通过网络来升级病毒库，最大限度地保护我们的计算机。

4. 安装网络防火墙软件

近年来，网络犯罪的递增、大量黑客网站的诞生，促使人们思考网络的安全性问题。各种网络安全工具也跟着在市场上被炒得火热。其中最受人注目的当属网络安全中最早成熟，也是最早产品化的网络防火墙产品了。所谓“防火墙”，是指一种将内部网和公众访问网（如Intemet）分开的方法，它实际上是一种隔离技术。防火墙是在两个网络通讯时执行的一种访问控制尺度，它能允许你“同意”的人和数据进入你的网络，同时将你“不同意”的人和数据拒之门外，最大限度地阻止网络中的黑客来访问你的网络，防止他们更改、拷贝、毁坏你的重要信息。防火墙对网络的安全起到了一定的保护作用，要做到防患于未然，安装网络防火墙软件是保护好机器的行之有效的一种方法。在这里我给大家推荐一款“360安全卫士结合360杀毒”，它占用资源很小，但是防护能力却很高，最重要的是操作简单，如果你是电脑初学者值得一用。

5. 定期进行磁盘碎片整理

磁盘碎片的产生是因为文件被分散保存到整个磁盘的不同地方，而不是连续地保存在磁盘连续的簇中所形成的。虚拟内存管理程度频繁地对磁盘进行读写、IE在浏览网页时生成的临时文件和临时文件的设置等是它产生的主要原因，文件碎片一般不会对系统造成损坏，但是碎片过多的话，系统在读文件时来回进行寻找，就会引起系统性能的下降，导致存储文件丢失，严重的还会缩短硬盘的寿命。因此，对于电脑中的磁盘碎片也是不容忽视的，要定期对磁盘碎片进行整理，以保证系统正常稳定地进行，我们可以用系统自带的“磁盘碎片整理程序”来整理磁盘碎片，但是这个程序运行起来速度很慢，这里向大家推荐一款比较好的整理磁盘碎片的软件，就是“Diskeeper Professional“，这款软件是一款共享软件，其 v8.0,459 版大小只有 1.8M，适用于 Windows XP 等操作平台，进行碎片整理的时候速度很快。

6.检测扫描硬盘

让硬盘保持良好的状态。硬盘虽然不是电脑的心脏，但如果有所损坏，给你造成的损失也是难以计算的。特别是硬盘上的 BOOT 区，稍有损坏，系统就可能瘫痪。因而，硬盘的日常维护是不可缺少的，这些维护主要使用磁盘扫描工具软件来进行。磁盘扫描工具能扫描磁盘的物理表面，检查文件系统的目录结构，并对硬盘的可靠性进行测试。通常，如果是非正常关机，硬盘上的文件最有可能出现交叉连接或簇丢失。此时若不修复，Windows 将变得不稳定，程序执行也会出错。

7.安装软件时切忌往 C 盘上安装

因为 C 盘上的东西太多会产生更多的磁盘碎片，从而严重影响到系统的运行。另外这些东西连同系统都挤在 C 盘上也会加大系统乃至硬盘的负荷，并且启动时也会慢些。还要随时注意 C 盘上的空间使用量，因为即便用户不往 C 盘上装东西，有些软件还是会向 c 盘上的 program files 目录以及其下级的 Common Files 目录里装些公用文件。而且这里有些东西是在你卸载了软件主体后仍然滞留在原处的。这些滞留文件非常麻烦，如果不手动清除的话会大量抢占 C 盘系统空间。C 盘上尽量少放东西的好，那么像“我的文档”之类的东西，也就不要在里面放东西了(可以把他挪到其他盘上去，具体操作步骤：在桌面上“我的文档”上点右键/属性/，里面的“目标”里键入你自己的文档文件夹的地址。之后便可以把 C 盘上的那个 my documents 删掉了)。C:\windows\Temporary Internet Files 和 C:\windows\temp 文件夹内存的都是临时文件，记得一定要常清理，保证里面是空的。因为这两个文件夹基本上是 windows 最大的垃圾箱，前者是网络临时文件后者是程序临时文件，尤其是上网的电脑，如果不清理的话将会疯狂抢占 c 盘的存贮资源。导致 Windows 系统特别慢。

8.禁止程序自动启动

一些软件在安装后会出现伴随系统启动而自动启动的功能，虽说有些软件确实是为了方便用户，可是这些东西太多的话，会大量抢占内存资源，甚至造成机器不能正常启动，其危害比上述更为严重。所以请随时留意 msconfig.exe 文件，在里面的“启动”选项卡中可以关闭不需要自动启动的程序或访问注册表 HKEY_LOCAL_MACHINE\Software\Microsoft\Windows\CurrentVersion\Run 主键下，删除不必要的启动项。

二、软件维护工具的使用

软件维护可以用工具软件帮助，如 360 安全卫士、鲁大师等。现在已 360 安全卫士为例说明如果利用软件工具对计算机进行整体的维护。

(1)双击桌面上的 360 安全卫士图标，如图 5-1 所示。

(2)首次运行 360 安全卫士，会进行第一次系统全面检测，如图 5-2 所示。

(3)我们可以看到 360 安全卫士界面集“电脑体检、查杀木马、清理插件、修复漏洞、清理垃圾、清理痕迹、系统修复”等多种功能为一

图 5-1

身，并独创了“木马防火墙”功能，同时还具备开机加速、垃圾清理等多种系统优化功能，可大大加快电脑运行速度，内含的 360 软件管家还可帮助用户轻松下载、升级和强力卸载各种应用软件。并且还提供多种实用工具帮您解决电脑问题和保护系统安全，如图 5－3 所示。

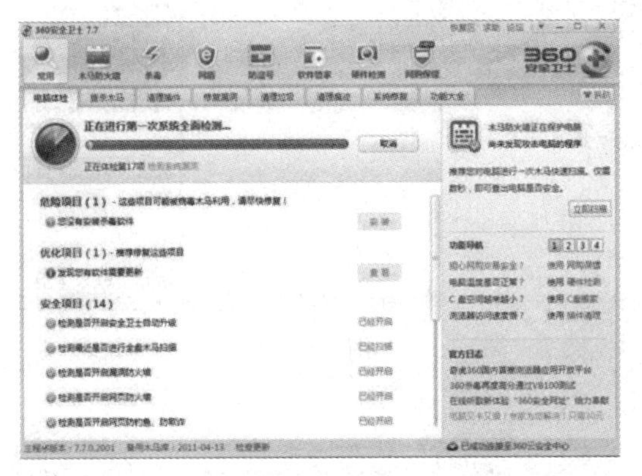

图　5－2

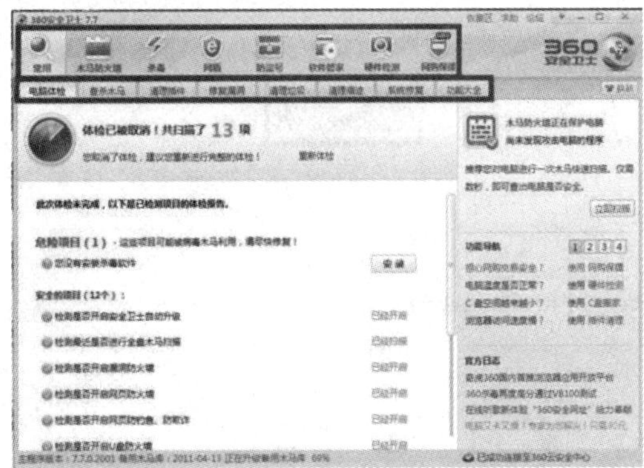

图　5－3

(4)“电脑体验”：对您的电脑系统进行快速一键扫描，对木马病毒、系统漏洞、差评插件等问题进行修复，并全面解决潜在的安全风险，提高您的电脑运行速度，如图 5－4 所示。

(5)“查杀木马”：先进的启发式引擎，智能查杀未知木马和云安全引擎双剑合一查杀能力倍增，如果您使用常规扫描后感觉电脑仍然存在问题，还可尝试 360 强力查杀模式，如图 5－5 所示。

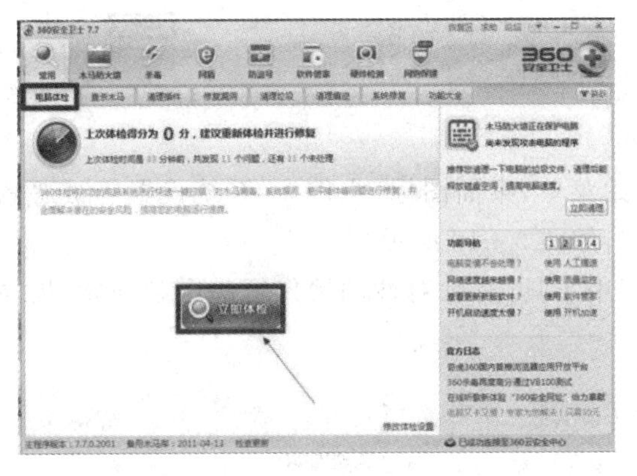

图　5－4

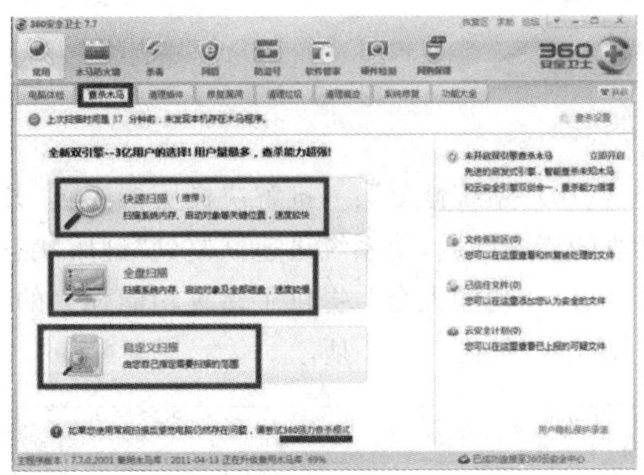

图　5－5

(6)“清理插件”：可以给浏览器和系统瘦身，提高电脑和浏览器速度。您可以根据评分、好评率、恶评率来管理，如图 5－6 所示。

(7)“修复漏洞”：为您提供的漏洞补丁均由微软官方获取。及时修复漏洞，保证系统安全，如图 5－7 所示。

(8)“清理垃圾”：全面清除电脑垃圾，最大限度提升您的系统性能，还您一个洁净、顺畅的系统环境，如图 5－8 所示。

(9)“清理痕迹”：可以清理您使用电脑后所留下个人信息的痕迹，这样做可以极大的保护您的隐私，如图 5－9 所示。

图　5-6

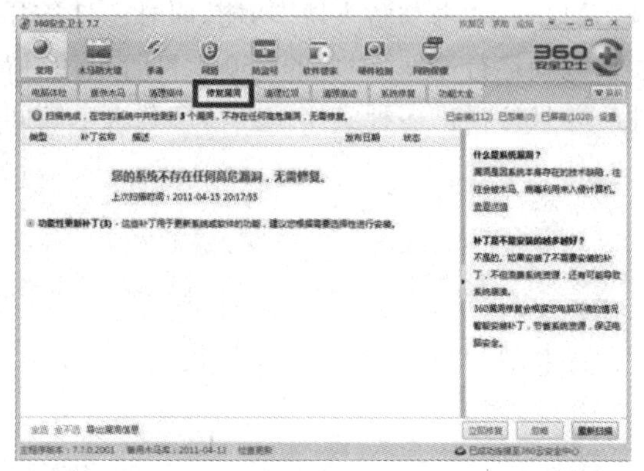

图　5-7

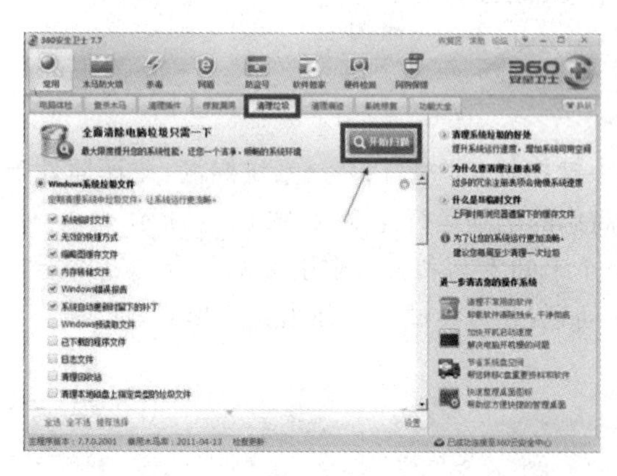

图　5-8

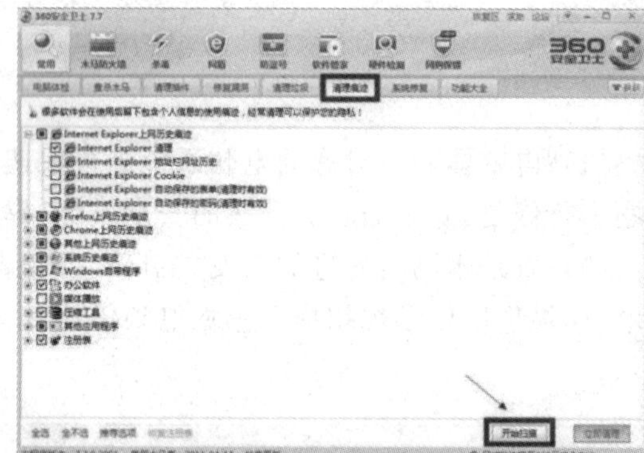

图　5-9

(10)“系统修复”:一键解决浏览器主页、开始菜单、桌面图标、文件夹、系统设置等被恶意篡改的诸多问题,使系统迅速恢复到“健康状态”,如图 5-10 所示。

(11)“功能大全”:提供了多种功能强大的实用工具,有针对性的帮您解决电脑问题,提高电脑速度,如图 5-11 所示。

图　5-10

图　5-11

1. Ghost

诺顿克隆精灵(Norton Ghost),英文名 Ghost 为 General Hardware Oriented System Transfer(通用硬件导向系统转移)的首字母缩略字。该软件能够完整而快速地复制备份、还原整个硬盘或单一分区。

2. 注册表

注册表(Registry,中国大陆译作注册表,台湾、港澳译作登录档)是 Microsoft Windows 中的一个重要的数据库,用于存储系统和应用程序的设置信息。早在 Windows 3.0 推出 OLE 技术的时候,注册表就已经出现。随后推出的 Windows NT 是第一个从系统级别广泛使用注册表的操作系统。但是,从 Windows 95 开始,注册表才真正成为 Windows 用户经常接触的内容,并在其后的操作系统中继续沿用至今。

(1)备份计算机内重要数据至 U 盘内。

(2)下载并安装 360 安全卫士。

(3)清理垃圾文件。

(4)卸载多余的安装程序。

任务三　腾讯 QQ 安全

(1)腾讯软件了解。

(2)QQ 注册登录。

(3)QQ 安全注意事项。

QQ 是深圳腾讯计算机通讯公司于 1999 年 2 月 11 日推出的一款免费的基于 Internet 的即时通信软件(IM)。我们可以使用 QQ 和好友进行交流,信息和自定义图片或相片即时发送和接收,语音视频面对面聊天,功能非常全面。此外 QQ 还具有与手机聊天、BP 机网上寻呼、聊天室、点对点断点续传传输文件、共享文件、QQ 邮箱、楚游、网络收藏夹、发送贺卡等功能,是中国使用量最大、用户最多的面向个人的即时通讯软件。

现在主流的聊天工具已经非QQ莫属，需要使用的朋友就必须要注册QQ账号，那么要如何注册呢？对于一些经常混迹于电脑的朋友来说，肯定是十分简单，但是对于一些电脑小白来说就不是那么容易了，现在就来教大家QQ注册账号的方法。

一、软件介绍

腾讯QQ(目前简称"QQ")是广东深圳腾讯公司(英文名Tencent)开发的一款基于Internet的即时通信(IM)聊天工具。腾讯QQ支持在线聊天、视频通话、点对点断点续传文件、共享文件、网络硬盘、自定义面板、QQ邮箱，QQ秀等多种功能，并可与多种通讯终端相连。2016年，QQ将继续为用户创造良好的通讯体验！其标志是一只戴着红色围巾，黄色嘴和脚的小企鹅。

二、产品介绍

1. QQ号码

QQ号码为腾讯QQ的帐号，全部由数字组成，QQ号码在用户注册时由系统随机选择。1999年免费注册的QQ帐号为5位数，目前已用到的QQ号码长度已经达到11位数。普通QQ号码三个月内若没有登录记录将被收回。

2. QQ群

QQ群是腾讯公司推出的多人聊天交流服务，可以邀请朋友或者有共同兴趣爱好的人到一个群里面聊天，目前群种类分为：普通群(等级达到4级后才只能创建一个，超级QQ达到4级后可创建4个，最多500人)、中级级群(最多1000人)和高级群(最多达2000人)、讨论组(最多50人)。在群内除了聊天，腾讯还提供了群空间服务，在群空间中，用户可以使用群BBS、相册、共享文件、视频以及语音聊天等多种方式进行交流。QQ群的理念是群聚精彩，共享盛世。

3. QQ空间

QQ空间(Qzone)是腾讯公司于2005年开发出来的一个个性空间，具有博客(blog)的功能，自问世以来受到众多人的喜爱。在QQ空间上可以书写日记，上传自己喜欢的图片，听音乐，写说说，给好友留言，还可以玩游戏、传照片、记日志。通过多种方式展现自己。除此之外，用户还可以根据自己的喜爱设定空间的背景、皮肤、小挂件、背景音乐(需要QQ音乐绿钻用户才可体验)等，从而使每个空间都有自己的特色。当然，QQ空间还为善于装饰的用户还提供了高级的功能：可以通过编写各种各样的代码来打造自己的空间，QQ空间采用代码限制。

4. QQ邮箱

QQ邮箱是腾讯公司2002年推出，向用户提供安全、稳定、快速、便捷电子邮件服务的邮箱产品，目前已为超过1亿的邮箱用户提供免费和增值邮箱服务。QQ邮箱和QQ即时通软件已成为中国网民网上通信的主要方式。

QQ邮件服务以高速电信骨干网为强大后盾，独有独立的境外邮件出口链路，免受境内外网络屏颈影响，全球传信，也不过是举手之劳。采用高容错性的内部服务器架构，确保任何故障都不影响用户的使用，随时随地稳定登录邮箱，收发邮件通畅无阻！

另外，QQ邮箱具有完善的邮件收发、通讯录、报刊等功能的同时，还与QQ紧密结合，直接点击QQ面板即可登录，省去输入帐户名/密码的麻烦。新邮件到达随时提醒，可让用户及时收到并处理邮件。在QQ邮箱里新增了漂流瓶的功能，在这里可以和陌生网友互发邮件。

5. QQ音乐

QQ音乐是中国最大的网络音乐平台，支持各平台，是中国互联网领域领先的正版数字音乐服务提供商，始终走在音乐潮流最前端，向广大用户提供方便流畅的在线音乐和丰富多彩的音乐社区服务。充值音乐绿钻还可享演唱会门票，QQ空间背景音乐等特权。界面清新简洁、方便使用。

6. 腾讯游戏

腾讯游戏现在新增网游和网上对战游戏！用QQ号和密码就可以登录到腾讯游戏中心，无需再次注册；在QQ上点击QQ游戏按钮即可进入丰富多彩的QQ游戏世界；在QQ上直接邀请好朋友一起玩游戏。QQ游戏有好多，如“全民突击”“天天酷跑”“奇迹暖暖”等。

7. QQ旋风

QQ旋风是腾讯公司2008年底推出的新一代互联网下载工具，下载速度更快，占用内存更少，界面更清爽简单。QQ旋风创新性地改变下载模式，将浏览资源和下载资源融为整体，让下载更简单，更纯粹，更小巧。QQ旋风还支持离线下载，可以通过开通QQ会员服务或提高旋风等级使其达到LV8这两种方式获得离线下载的权利。

8. QQ输入法

(1)QQ拼音输入法。QQ拼音输入法是腾讯公司自主研发的，特别适合互联网应用的，快速敏捷的输入法产品。

(2)QQ五笔输入法。QQ五笔输入法(简称QQ五笔)具有界面清爽、功能实用、占用资源少等优点，提供五笔拼音混输、纯五笔、纯拼音三种输入模式，支持皮肤、简体繁体切换、词库管理、拼音模糊音等功能。

9. 腾讯电脑管家

腾讯电脑管家(原名:QQ医生)是一款杀毒与管理功能二合一的安全管理类软件。原木马查杀升级为专业杀毒，四核引擎保证查杀更彻底，修复更完美。在专业杀毒的基础上电脑管家融合了清理垃圾、电脑加速、漏洞修复、软件管理等一系列协助用户管理电脑功能，满足用户杀毒防护和安全管理双重需。

10. QQ影像

QQ影像是腾讯公司最新推出的一款桌面图片处理软件。以其清爽的界面、简洁轻便的操作，为您提供处理图片一站式体验。

11. QQ词典

QQ词典是腾讯公司推出的一款桌面词典软件。QQ词典以其清爽的界面、丰富的词库，为您提供海量词汇的丰富释义，包括词语的基本释义、网络释义和例句、百科内容等。同时，QQ词典强大、灵活的屏幕取词功能，带给您无干扰的全新取词感受。

12. QQ浏览器

QQ浏览器是腾讯公司推出的新一代浏览器，采用全新架构并针对IE内核做了全面的优化。瞬间开启的超快体验，灵动轻逸的全新设计，更有强大的安全保障。旨在为您带来更轻、更快、更安全的浏览体验，给您一个既纯净又简洁的上网环境。

13.腾讯视频

腾讯视频(原名:QQ Live)是一款可在线欣赏视频的客户端软件，让您可以在线享受丰富多彩的直播和点播节目;2011 年 5 月，最新版本的 QQLive 出版，并改名为腾讯视频播放器。

14.QQ 影音

QQ 影音支持海量格式且占用资源极小的影音播放器。由腾讯出品，首创轻量级多播放内核技术，深入挖掘和发挥新一代显卡的硬件加速能力，软件追求更小、更快、更流畅，让您在没有任何插件和广告的专属空间里，真正拥有五星级的视听享受。最新版本可与 QQ 旋风一起在线点播。

三、QQ 注册/登录

(1)在注册 QQ 之前，我们必须要下载 QQ，或者直接进入 QQ 的注册界面，但是反正也要使用到 QQ，就下载一个吧，进入 QQ 官网，然后进行下载，安装。然后在登陆界面中，我们会看到注册账号，然后我们点击，如图 5－12 所示。

(2)在点击“注册账号”后，出现一个注册对话框，如图 5－13 所示。

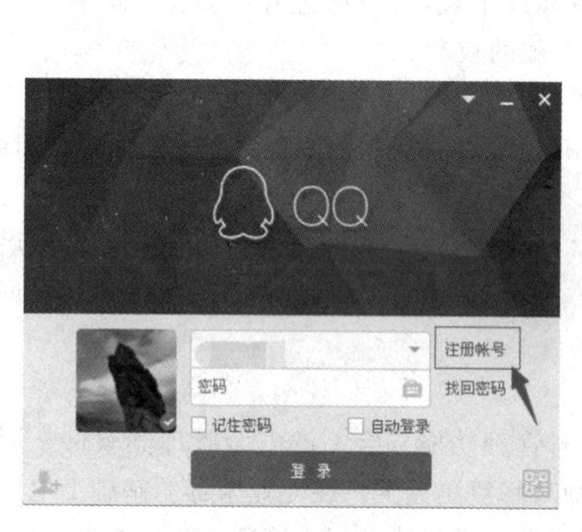

图 5－12

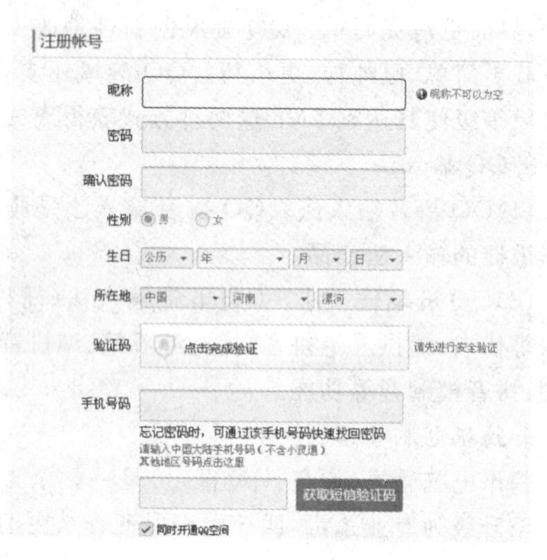

图 5－13

(3)在填写内容之后，特别是手机号码必须在身边，因为需要验证码的，我们点击确定，就会看到一个号码，那就是我们刚才注册的 QQ 号了，如果运气好，可以注册一个 9 位的 QQ，现在一般注册的都是十位数的。如图 5－14 所示。

(4)可以打开 QQ 登录上去，添加自己的好友，以及安全起见的 QQ 密保设置。

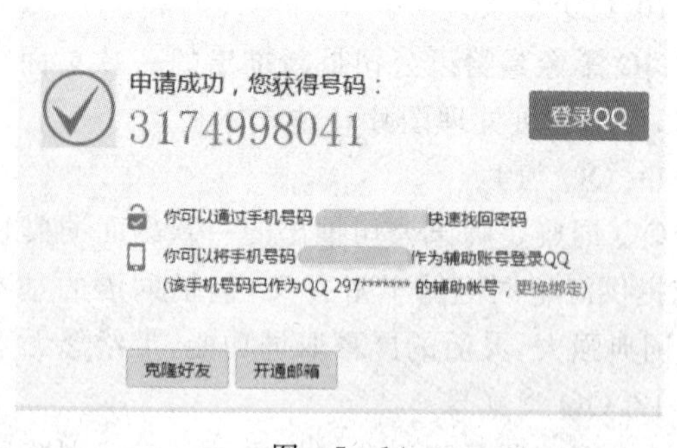

图 5－14

四、QQ 安全服务问题

为了保证用户号码的安全，腾讯公司推出了 QQ 安全服务。

安全服务是什么，它和密保有什么关系？

为了全面保护 QQ 帐号的安全，QQ 安全中心推出了可以保护 QQ 帐号、保护 Q 币 Q 点和保护游戏装备的安全服务。设置安全服务后，在登录 QQ、使用 Q 币 Q 点、玩游戏时，根据设置，系统会要求验证密保。只有验证通过后，才可完成相应的操作。确保 QQ 只有用户可以使用，即使他人知道了密码，也无法登录 QQ、使用 Q 币 Q 点或转移游戏装备。

为了保证 QQ 安全，在设置安全服务前需要首先拥有密保手机、密保令牌或密保卡中的一种或几种。

1. 如何避免 QQ 帐号被盗

(1)不随意上不明网站，不接受不明信息来源的文件，防止木马入侵电脑。

(2)为 QQ 帐号申请第二代密码保护，如：绑定密保手机/密保卡/手机令牌、设置密保问题等。

(3)在登录 QQ 时，如果系统提醒用户的帐号出现异常，请立刻修改密码。

(4)使用复杂密码、定期修改，避免在其他网站透露 QQ 密码。

(5)提高其他方面的安全意识，如：更新操作系统补丁、安装杀毒软件并及时更新病毒库、定期查杀病毒等。

2. 找回帐号

Q 帐号被盗了，怎样才可以找回？

(1)已设置了密码保护且记得相关密保资料，可以登录 QQ 安全中心通过"找回密码"直接找回。

(2)未设置密保或忘了密保(密码)，能通过"密码管理" → "帐号申诉"，且依照提示输入信息，然后"提交"找回。

3. 密保问题

密保问题忘了，该怎么办？

(1)如果有密保手机、密保卡、密保令牌中的任何一种，可以登录 QQ 安全中心，选择"密保管理"点击"修改"密保问题，通过"统一安全验证"后即可修改。

(2)如果没有可用的密保手段，可以通过"帐号申诉"修改密保问题。

4. 密保令牌

什么是密保令牌？密保令牌可以做什么？

密保令牌是二代密保其中的一个密保手段，需要安装在手机上，可以显示 6 位动态密码。当成功绑定密保令牌后，令牌将会出现在"统一安全验证"的选项中，可以通过验证 6 位动态密码设置和使用安全服务、修改 QQ 密码、找回 QQ 帐号等。

5. 举报功能

腾讯公司作为一家有着高度社会责任感的企业，有责任和义务打击各种互联网色情、反动、诈骗、广告、暴力、垃圾消息等不良信息，与用户共建一个绿色、健康的网络环境。

在统一举报平台上，用户可以方便、快捷地一键举报含有色情、反动、诈骗、暴力犯罪、广告、盗号内容的某个空间、日志、回复、评论、留言、图片、号码、某段文字、某个链接，并得到处理结果反馈。

实训操作

注册 QQ 号码并申请密保。

任务四　计算机病毒防治

学习内容

(1)了解病毒的的定义和特点。

(2)了解网络威胁的概念和分类。

(3)了解网络威胁的防范。

任务描述

该任务是让学生们了解计算机病毒的概念和特点，了解计算机病毒是如何传播及如何防治。

任务准备

一台完整的计算机且已经安装了杀毒软件(以 360 杀毒软件为例)。

课程内容

近几年来计算机网络蓬勃发展，病毒入侵及肆虐的案例层出不穷，事实上，目前世界上的电脑病毒已经超过了 10000 个。

相信在工作、学习、生活中经常上需要接触到电脑的朋友，应该多多少少都有使用过防毒软件的经验，也许您现在正在计划选购一套防毒软件，或许您已经是防毒软件的忠实用户，可是在多数人的观念中，都认为只要在电脑中安装了防毒软件，就从此可以高枕无忧了，然而事实上却不是这样的，许多人在安装了防毒软件之后，最后还是难逃电脑病毒的魔掌，这是什么原因呢？其实使用防毒软件就好像您买了车子一样，需要定期的更换机油，检查电瓶等等在接下来的内容，就要为各位介绍使用防毒软件的一些基本常识，就好比您会开车也得了解一点机械常识，以免万一有天车抛描在一个鸡不生蛋鸟不拉屎的地方，可就求救无门了。

一、病毒的概念

“计算机病毒”与医学上的“病毒”不同，它不是天然存在的，是某些人利用计算机软、硬件所固有的脆弱性，编制成的具有特殊功能的程序，通常人们称之为计算机病毒。1994 年 2 月

18 日，我国正式分布实施了《中华人民共和国计算机信息系统案例保护条例》，在《条例》第二十八条中明确指出："计算机病毒，是指编制或者在计算机程序中插入的破坏计算机功能或者毁坏数据，影响计算机使用，并能自我复制的一组计算机指令或者程序代码。"

二、病毒的特点

计算机病毒之所以被称为"病毒"，主要是由地它有类似自然办病毒的某些特征。其主要有以下特征。

(1)隐藏性，指病毒的存在、传染和对数据破坏过程不易为计算机操作人员发现。

(2)传染性，指计算机病毒在一定条件下可以自我复制，能对其他文件或者系统进行一系列非法操作，并使之成为一个新的传染源。这是病毒的最基本特征；

(3)触发性，指病毒的发作一般都需要一个激发条件，可以是日期、时间、特定程序支行或程序的支行次数等等，如臭名昭著的 CIH 病毒就发作于每个月的 26 日。

(4)破坏性：指病毒在触发条件满足时，立即对计算机系统的文件、资源等运行进行干扰破坏；

(5)不可预见性，指病毒相对于防毒软件永远是超前的，理论上讲，没有任何杀毒软件能将所有的病毒杀除。

从运行过程来看，计算机病毒可以分为三部分，即病毒引导程序、病毒传染程序、病毒病发程序；从破坏程度来看，计算机病毒可分为良性病毒和恶性病毒；根据传播方式和感染方式，可分为引导型病毒、分区型病毒、宏病毒、文件型病毒、复合型病毒等。

计算机病毒的危害主要表现在三大方面，一是破坏文件或数据，造成用户数据丢失或毁损；二是抢占系统资源，造成网络阻塞或系统瘫痪；三是破坏操作系统等软件或计算机主板等硬件，造成计算机无法启动。

三、网络威胁的概念

随着计算机的兴起和网络的飞速发展，伴随着病毒的发展，我们又遇到了新的问题。

从 1986 年出现第珍上感染 PC 的计算机病毒开始，到现在短短 30 年，已经经历了 3 个阶段。第一阶段为 DOS、Windows 等传统病毒，此时编写病毒完全是基于对技术的探求，这个阶段的顶峰应该算是 CIH 病毒。第二阶段为基于 INTER 网络病毒，比如我们知道的红色代码、冲击波、震荡波等病毒皆是属于此阶段，这类病毒往往利用系统漏洞进行世界范围的大规模传播。目前计算机病毒已经发展到了第三阶段，我们所面临的不再是珍上简简单单的病毒，而是包括了病毒、黑客攻击、木马、间谍软件等多种危害于一身的基于 Internet 的网络威胁。

那么到底什么是网络威胁？

所谓"网络威胁"，不光是"CIH""冲击波"等传统病毒，还包括特洛伊木马、后门程序、流氓软件（包括间谍软件、广告软件、浏览器软件劫持等）、网络钓鱼（网络诈骗）、垃圾邮件等等。它往往是集多种特征于一身的混合型威胁。

四、网络威胁的分类

根据不同的特征和危害，网络威胁可分为病毒、流氓软件、黑客软件、网络钓鱼等。

1. 病毒(Virus)

计算机病毒在《中华人民共和国计算机信息系统安全保护条例》中被明确定义，病毒“指编制或者在计算机程序中插入的破坏数据，影响计算机使用使用并且能够自我复制的一组计算机指令或者程序代码”。随着信息安全技术的不断发展，病毒的定义已经被扩大化。

2. 流氓软件(Rogue Software)

“流氓软件”是介于病毒和正规软件之间的软件，同时具备正常功能(下载、媒体播放等)和恶意行为(弹广告、开后门)，给用户带来实质危害。流氓软件包含：间谍软件、广告软件、浏览器劫持、行为记录软件、自动拨号程序等等。

3. 远程攻击(Long—distance attacks)

远程攻击是指专门攻击除攻击者自己计算机之外的计算机(无论其是同一子网内处于不同网段中)。远程攻击包括远程控制、拒绝服务式攻击等等。

4. 网络钓鱼(Phishing)

网络钓鱼是指攻击者利用欺骗性的电子邮件和伪造的 Web 站点来进行网络诈骗活动，受骗者往往会泄漏自己的私人资料，如信用卡号、银行卡账户、身份证号等内容。诈骗者通常会将自己伪装成网络银行、在线零售商和信用卡公司等可信的品牌，骗取用户的个人信息。

5. 垃圾邮件(Spam)

《中国互联网协会反垃圾邮件规范》定义垃圾邮件为：

(1)收件人事先没有提出要求或者接收的广告、电子刊物、各种形式的宣传品等宣传性的电子邮件。

(2)收件人无法拒收的电子邮件。

(3)隐藏发件人身份、地址、标题等信息的电子邮件。

(4)含有虚假的信息源、发件人、路由等信息的电子邮件。垃圾邮箱的主要来源包括邮件病毒产生的、商业性的恶性广告邮件。

五、杀毒软件

由于近几年来计算机信息蓬勃发展，计算机病毒入侵的事件层出不穷，相信经常接触到计算机的朋友，应该多少都有使用过杀毒软件的经验，也许您现在正在计划选购一套杀毒软件，或许您已经是杀毒软件的忠实使用者。那么什么是杀毒软件呢？

杀毒软件是在计算机中用来查找、防御和清除非法或病毒程序的一组计算机程序。

常用的杀毒软件有金山毒霸、江民、360 等，现以 360 为例，说明杀毒软件的安装使用。

360 杀毒是 360 安全中心出品的一款免费的云安全杀毒软件。360 杀毒具有以下优点：查杀率高、资源占用少、升级迅速等等。同时，360 杀毒可以与其他杀毒软件共存，是一个理想杀毒备选方案。360 杀毒是一款一次性通过 VB100 认证的国产杀软。

1. 安装

要安装 360 杀毒，首先请通过多特软件站或 360 杀毒官方网站 sd.360.cn 下载最新版本的 360 杀毒安装程序。

下载完成后，请运行您下载的安装程序，点击“下一步”，请阅读许可协议，并点击“我接受”，然后单击“下一步”，如果您不同意许可协议，请点击“取消”退出安装，如图 5-15 所示。

您可以选择将 360 杀毒安装到哪个目录下，建议您按照默认设置即可。您也可以点击“浏览”按钮选择安装目录。然后点击“下一步”。

您会看见一个窗口，输入您想在开始菜单显示的程序组名称，然后点击“安装”，安装程序会开始复制文件。文件复制完成后，会显示安装完成窗口。请点击“完成”，360 杀毒就已经成功的安装到您的计算机上了。

2. 卸载

从 Windows 的开始菜单中，点击“开始－＞程序－＞360 杀毒”，点击“卸载 360 杀毒”菜单项，如图 5－16 所示。

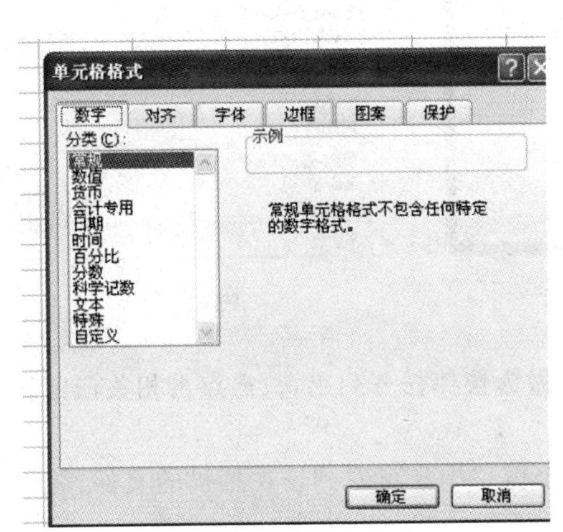

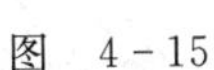
图　4－15

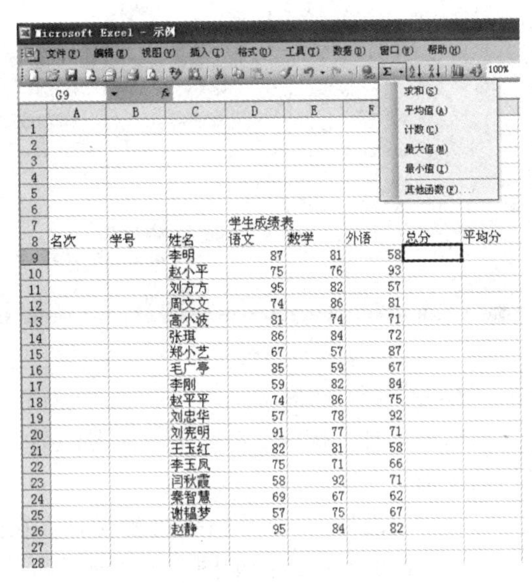

图　4－16

360 杀毒会询问您是否要卸载程序，请点击“是”开始进行卸载。

卸载程序会开始删除程序文件。在卸载过程中，卸载程序会询问您是否删除文件恢复区中的文件。如果您是准备重装 360 杀毒，建议选择“否”保留文件恢复区中的文件，否则请选择“是”删除文件。

卸载完成后，会提示您重启系统。您可根据自己的情况选择是否立即重启。

如果你准备立即重启，请关闭其他程序，保存您正在编辑的文档、游戏的进度等，点击“完成”按钮重启系统。重启之后，360 杀毒卸载完成。

3. 病毒查杀

360 杀毒具有实时病毒防护和手动扫描功能，为您的系统提供全面的安全防护。实时防护功能在文件被访问时对文件进行扫描，及时拦截活动的病毒。在发现病毒时会通过提示窗口警告您。

360 杀毒提供了 4 种手动病毒扫描方式：快速扫描、全盘扫描、指定位置扫描及右键扫描，如图 5－17 所示。

(1)快速扫描：扫描 Windows 系统目录及 Program Files 目录。

(2)全盘扫描：扫描所有磁盘。

(3)指定位置扫描：扫描您指定的目录。

(4)右键扫描:集成到右键菜单中,当您在文件或文件夹上点击鼠标右键时,可以选择“使用 360 杀毒扫描”对选中文件或文件夹进行扫描,如图 5-18 所示。

图 5-17

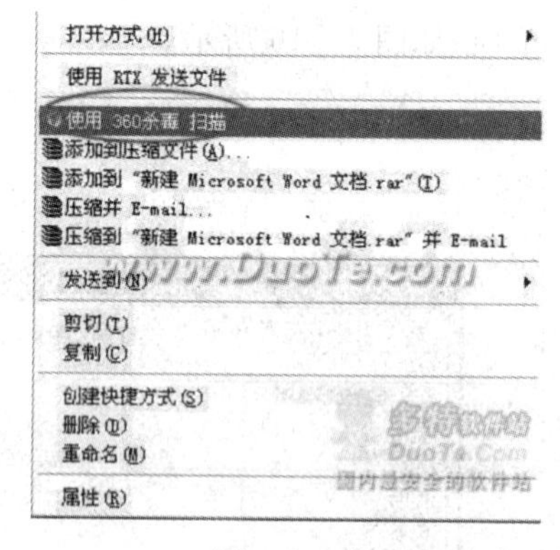

图 5-18

其中前 3 种扫描都已经在 360 杀毒主界面中做为快捷任务列出,只需点击相关任务就可以开始扫描。

启动扫描之后,会显示扫描进度窗口。在这个窗口中您可看到正在扫描的文件、总体进度,以及发现问题的文件,如图 5-19 所示。

如果您希望 360 杀毒在扫描完电脑后自动关闭计算机,请选中“扫描完成后关闭计算机”选项。请注意,只有在您将发现病毒的处理方式设置为“自动清除”时,此选项才有效。如果您选择了其他病毒处理方式,扫描完成后不会自动关闭计算机。

4. 升级

360 杀毒具有自动升级功能,如果您开启了自动升级功能,360 杀毒会在有升级可用时自动下载并安装升级文件。自动升级完成后会通过气泡窗口提示您。

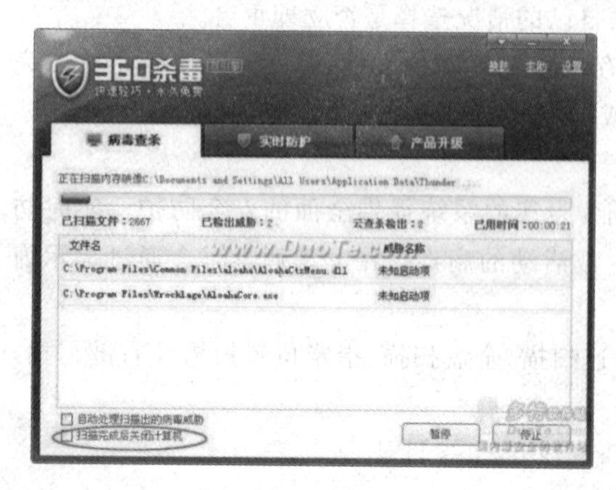

图 5-19

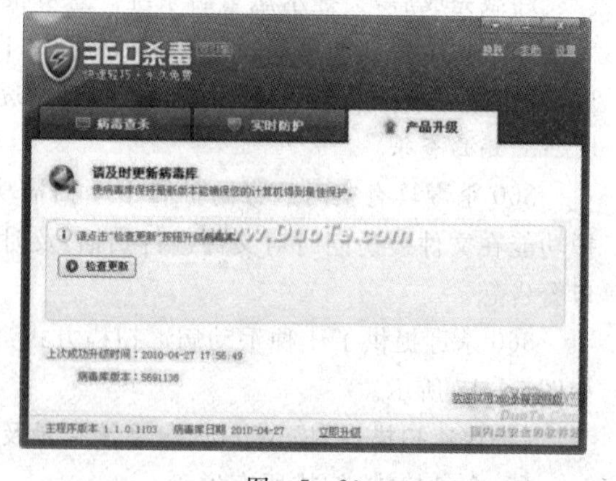

图 5-20

如果您想手动进行升级，请在 360 杀毒主界面点击“升级”标签，进入升级界面，并点击“检查更新”按钮。

升级程序会连接服务器检查是否有可用更新，如果有的话就会下载并安装升级文件。升级完成后会提示您：“恭喜您！现在，360 杀毒已经可以查杀最新病毒啦！

知识链接

1. 病毒的分类

目前，病毒可以大致分为：引导区病毒、文件型病毒、宏病毒、蠕虫病毒、特洛伊木马、后门程序、恶意脚本等。

(1)引导区病毒(Boot Virus)。通过感染软盘的引导扇区和硬盘的引导扇区或者主引导记录进行传播的病毒。

(2)文件型病毒(Boot Virus)：指将自身代码插入到可执行文件内来进行传播并伺机进行破坏的病毒。

(3)宏病毒(Macro Virus)：使用宏语言编写，可以在一些数据处理系统中运行(主要是微软的办公软件系统，字处理、电子数据表和其他 office 程序中)利用宏语言的功能将自己复制并且繁殖到其他数据文档里的程序。

(4)蠕虫病毒(Worm)：通过网络或者漏洞进行自主传播，向外发送带毒邮件或通过即时通讯工具(QQ，MSN 等)。

(5)特洛伊木马(Trojan)：通常假扮成有用的程序诱骗用户主动激活，或利用系统漏洞侵入用户电脑。木马进入用户电脑后隐藏在的系统目录下，然后修改注册表，完成和可制定的操作。

(6)后门程序 Backdoor)：会通过网络或者系统漏洞进入用户的电脑并隐藏在的系统目录下，被开后门的计算机可以被黑客远程控制。黑客卡伊用大量被植入后门程序的计算机组成僵尸网络(Botnet)用以发动网络攻击等。

(7)恶意脚本(Harm Script)：使用脚本语言编写，嵌入在网页当中，调用系统程序、修改注册表对用户计算机进行破坏，或调用特殊指令下载并育婴病毒、木马文件。

(8)恶意程序(HarmProgram)：会对用户的计算机、文件进行破坏，本身不会复制、传播。

(9)恶作剧程序(Joke)：不会对用户的计算机、文件造成破坏，但可能会给用户带来恐慌和不必要的麻烦。

(10)键盘记录器(Key logger)：通过挂系统键盘钩子等方式记录键盘输入，从而窃取用户的账号、密码等隐私信息。

(11)黑客工具(Hack Tool)：一类工具软件，黑客或其他不怀好意的人可以使用它们进行网络攻击。

2. 流氓软件

流氓软件的分类：

(1)间谍软件(Spyware)：是一种能够在用户不知情的情况下，在其电脑上安装后门、收集用户信息的软件。

(2)广告软件(Adware)：指未经用户允许，下载并安装在用户电脑上；或与其他软件捆绑，通过弹出广告等形式牟取商业利益的程序。

(3)浏览器劫持(BrowerHijack):是一种恶意程序,通过浏览器插件、BHO(浏览器辅助对象)、WinsockLSP 等形式对用户的浏览器进行篡改,使用户的浏览器配置不正常,被强行引导到商业网站。

(4)行为记录软件(Track Ware):指未经用户许可,窃取并分析用户隐私数据,记录用户电脑使用习惯、网络浏览习惯等个人行为的软件。

(5)恶意共享软件(Malicious Shareware):指某些共享软件为了获取利益,采用诱骗手段、试用陷阱等方式强迫用户注册,或在软件体内捆绑各类恶意产插件,未经允许即将其安装到用户机器里。

(6)自动拨号程序(Dialer):自动下载并安装到用户的计算机上,并隐藏在后台运行。它会自动拨打长途或收费电话,以赚取用户高额的电话费用。

实训操作

使用 360 杀毒软件查杀本机病毒。

项目六　常用工具软件

项目概述

随着计算机技术的高速发展，计算机应用软件在工作、生活中的应用越来越多，工具软件已经成为计算机软件中一个重要的分支体系，在计算机应用中显得日益重要。因此，熟练掌握常用计算机工具软件的使用方法显得越来越重要。

本任务集中介绍了计算机应用各个方面的精品软件，试图在计算机应用方面给用户提供尽量全面的精品工具。

项目列表

- 快速下载工具——迅雷。
- 多媒体播放利器——暴风影音。
- 音视频转换工具——格式工厂。
- 超级图像浏览器——ACDSee。

项目重点

- 掌握常用工具软件的下载及安装方法。
- 了解常用工具软件在计算机使用中的重要作用。

项目目标

- 掌握下载工具、播放器、音视频转换、图像浏览等工具的使用。
- 能够使用工具软件提高计算机的工作效率。

任务一　快速下载工具——迅雷

迅雷是迅雷公司开发的互联网下载软件。迅雷是一款基于多资源超线程技术的下载软件，作为“宽带时期的下载工具”，迅雷针对宽带用户做了优化，并同时推出了“智能下载”的服务。

一、迅雷的主要技术特点

迅雷是个下载软件，本身不支持上传资源，只提供下载和自主上传。迅雷下载过相关资源，都能有所记录。

迅雷利用多资源超线程技术基于网格原理，能将网络上存在的服务器和计算机资源进行整合，构成迅雷网络，通过迅雷网络各种数据文件能够传递。

多资源超线程技术还具有互联网下载负载均衡功能，在不降低用户体验的前提下，迅雷网络可以对服务器资源进行均衡。

注册并用迅雷 ID 登陆后可享受到更快的下载速度，拥有非会员特权(例如高速通道流量的多少，宽带大小等)，迅雷还拥有 P2P 下载等特殊下载模式。

二、迅雷的下载及安装

通过百度或直接登录迅雷官网：http://www.xunlei.com/进入迅雷软件中心，选择“迅雷7”下载其安装包。如图 6-1 所示。

安装包下载完成后，双击进入安装界面，阅读协议是否可接受，如图 6-2 所示。

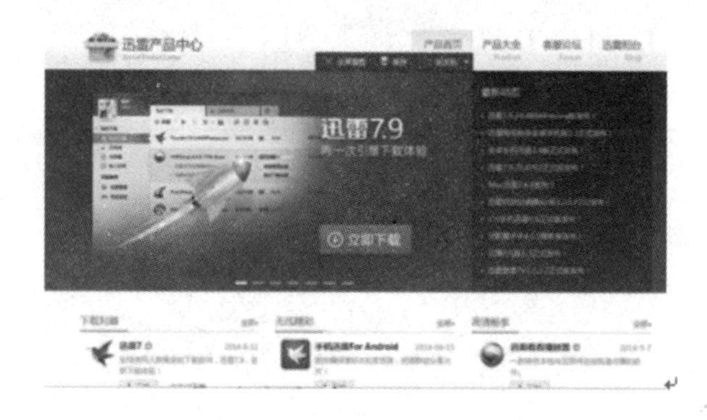

图 6-1

图 6-2

接受协议后，您可以自定义选择迅雷 7 的安装目录路径以及一些功能选项，如图 6-3 所示。

完成选项后进入安装界面，请耐心等待安装完毕，如图 6-4 所示。

图 6-3

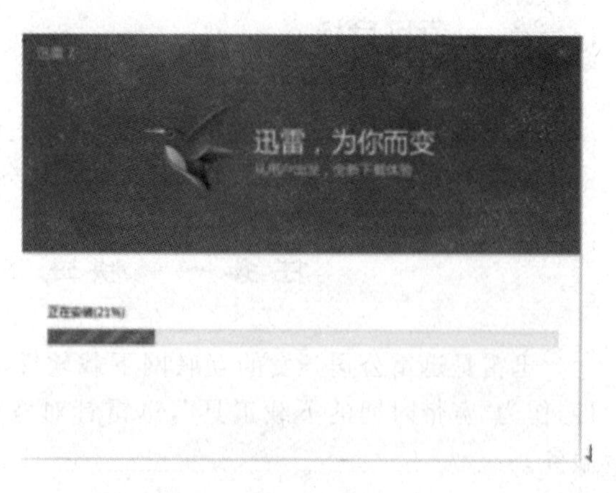

图 6-4

安装完毕，便可进行体验，如图 6－5 所示。

图　6－5

三、迅雷的配置

启动迅雷，如果先前已经注册了迅雷雷友（会员），“雷友信息”栏将显示雷友用户的相关信息，如图 6－6 所示。

使用之前有必要对迅雷进行配置，以利于用户更好地使用。这里只对一些主要的配置进行介绍。配置方法如下：

（1）选择“系统设置”（Alt＋O）命令，打开“配置”对话框。如图 6－7 所示。

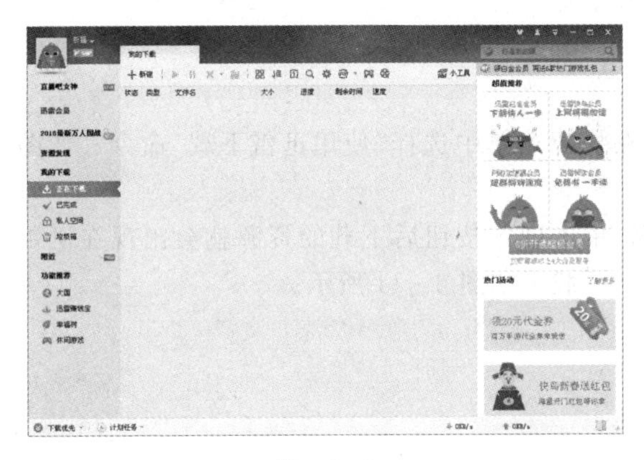

图　6－6

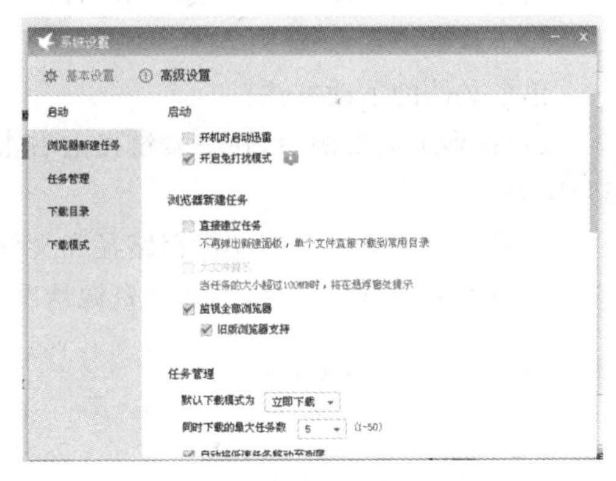

图　6－7

注：迅雷下载采用的 P2SP 技术，使得用户的计算机必须有数据的读入与写出，多多少少对硬盘有影响。限制速度设置得越高，伤害也就越大，所以一般不要改动速度限制的大小，迅雷会自动根据用户的计算机配置作出最合理的设置。如图 6－8 所示。

（2）打开“任务默认属性”栏，在其中设置原始地址下载的线程数。

注：下载的线程数会关联到所限制的下载速度。例如，下载速度限制为 200KB/S，线程数为 5 时，平均下来就是每个线程占用 40KB/S；线程数为 10 时，就是 20KB/S。也就是说，不管下载的线程数有多少，下载速度的总和大约就是限制速度的大小。如图 6－9 所示。

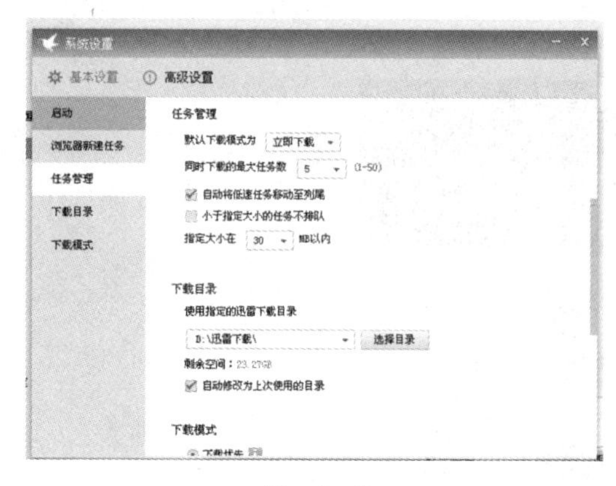

图　6－8

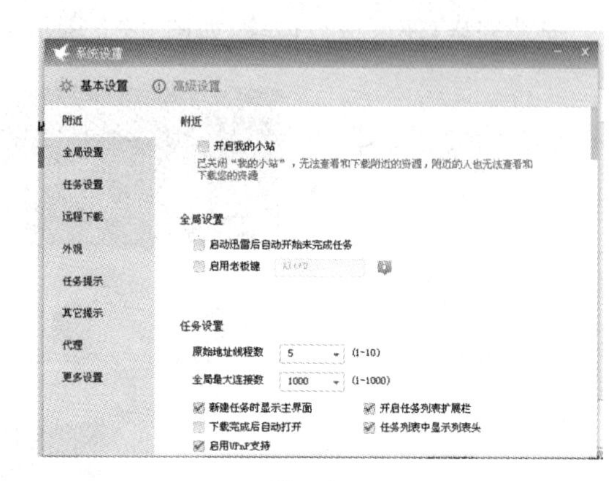

图　6－9

（3）打开“病毒保护”栏，迅雷会自动关联用户计算机上的杀毒软件的可执行文件。自动关联的只有金山毒霸、瑞星和江民杀毒软件，如果用户安装的是其他杀毒软件，通过单击“浏览”按钮打开对话框，选择杀毒软件的可执行文件即可。

注：在“类别/目录”栏设置下载文件后的保存目录；在“常规”栏设置是否开机时自动启动迅雷；在“监视”栏中设置对浏览器、剪贴板和网页进行监视；“高级”栏中有一些高级选项设置。

四、使用迅雷下载资源

迅雷下载的操作很简单，通常分为以下两种下载方法。

1. 下载单个资源

单个文件的下载方法：

（1）找到下载资源后，在下载链接上右击，在快捷菜单中选择“使用迅雷下载”命令。如图6－10所示。

在弹出的对话框中选择保存路径和文件名，单击确定按钮后下载的资源就会出现在迅雷的下载列表中，并根据网络实际和资源情况进行下载。如图6－11所示。

图　6－10

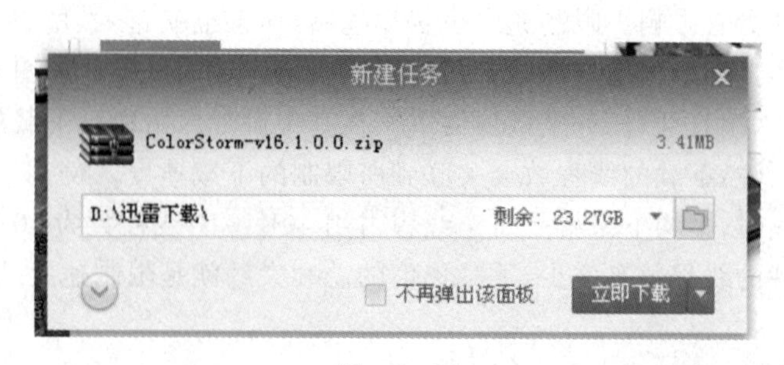

图　6－11

(2)若知道下载的链接地址，可单击工具栏上的“新建”按钮，在弹出的对话框中输入下载地址，并选择保存路径，单击“确定”按钮即可开始下载。如图 6－12 所示。

(3)也可将下载链接地址拖放到迅雷的下载列表中，这时也会出现下载对话框，操作同前面一样。如图 6－13 所示。

图　6－12

图　6－13

2. 批量下载

迅雷也可以批量下载，这适用于下载资源多且类似的情况，比如说下载一部电视连续剧等。

批量下载方法：

(1)找到下载资源后，在有下载链接的页面上任意处右击，在快捷菜单中选择“使用迅雷下载全部链接命令”。如图 6－14 所示。

在弹出的对话框中将不需要下载的资源，如图片链接、网页链接等前的复选框的勾去掉，单击确定按钮即可开始下载。如图 6－15 所示。

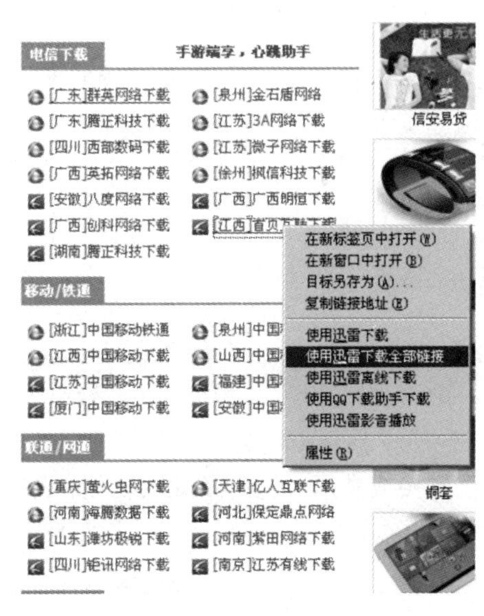

图　6－14

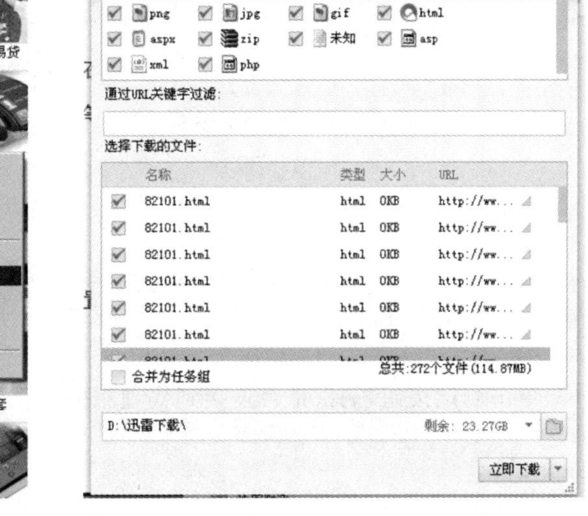

图　6－15

（2）打开下载资源，单击工具栏上“新建”旁的下拉按钮，选择“新建批量任务”命令。在弹出的对话框中输入下载地址，并设置范围和通配符的长度，单击确定按钮即可开始批量下载。如图 6－16 所示。

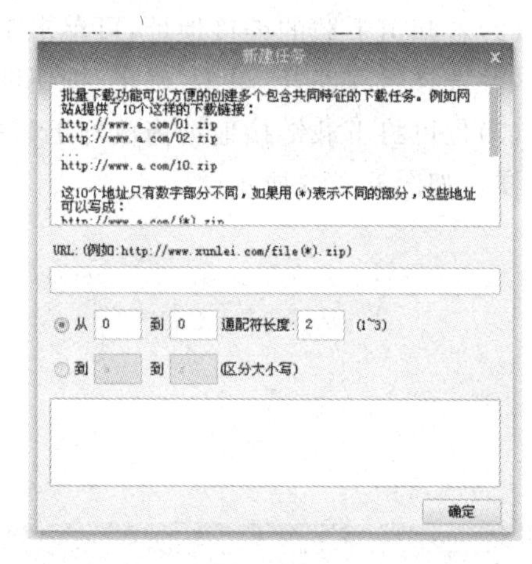

图　6－16

五、下载完成后自动关机

迅雷提供的下载完成后自动关机功能，非常适用于经常需要昼夜下载资源的用户。

只需要在工具栏上单击“自动关机”按钮，使其处于按下状态，当所有资源下完成后，计算机就会自动关闭。

也可以选择“工具”→“完成后自动关机”命令，这一点也反映了迅雷对用户的体贴入微，非常人性化。

六、为迅雷设置代理

有些通过代理服务器上网的用户就必须要设置代理。除了浏览器要设置代理外，迅雷也不例处。现在介绍设置迅雷代理的方法。

（1）选择“工具”→“设置代理”命令，进入代理添加与编辑的对话框。如图 6－17 所示。

（2）单击“添加”按钮，添加代理服务器的有关设置，设置代理服务器的名称、IP 地址、端口号和服务类型。如有密码，则需要输入代理服务器的用户名和密码。如图 6－18 所示。

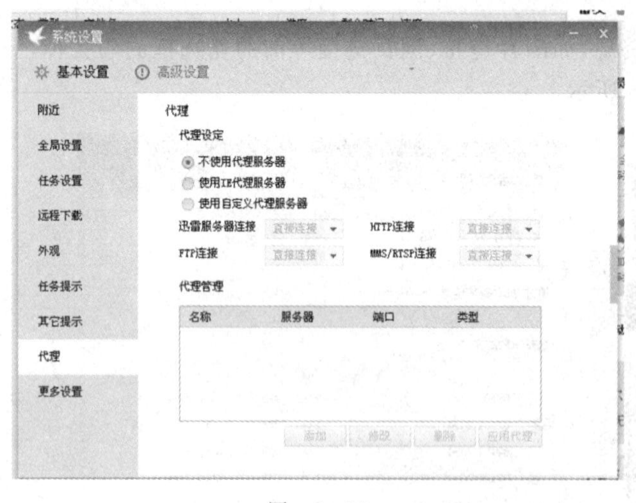

图　6－17

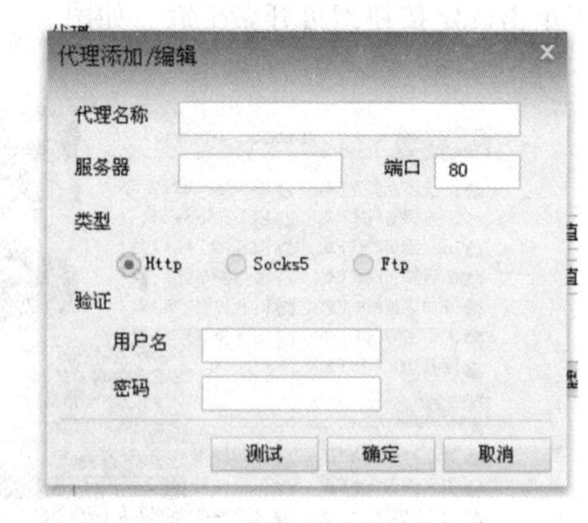

图　6－18

（3）单击测试按钮，测试是否连接到代理服务器。连接成功后，单击“确定”按钮完成设置。

任务二　多媒体播放利器——暴风影音

暴风影音是北京暴风科技有限公司推出的一款视频播放器，该播放器兼容大多数的视频和音频格式。

暴风影音播放的文件清晰，当有文件不可播时，右上角的“播”起到了切换视频解码器和音频解码器的功能，会切换视频的最佳三种解码方式，同时，暴风影音也是国人最喜爱的播放器之一，因为它的播放能力是最强的。

暴风影音连续获得《电脑报》《电脑迷》《电脑爱好者》等权威 IT 专业媒体评选的消费者最喜爱的互联网软件荣誉以及编辑推荐的优秀互联网软件荣誉。

一、软件安装

图　6-19

暴风影音的安装界面非常简单，双击程序安装文件会看到安装文件自解压窗口，解压完毕后会打开程序的安装向导，用户根据安装向导的提示可以轻松完成整个安装过程。如图 6-19 所示。

二、软件界面

暴风影音集成了很多的在线视频播放服务，如图 6-20 所示，在播放窗口右侧增加了一个影视资讯窗口，其中提供了海量的在线视频任您点播。

图　6-20

当然，如果用户使用暴风影音播放本地视频，可以单击播放窗口下侧的按钮关闭视频资源窗口，只保留播放窗口。如图 6－21 所示。

三、在线视频

暴风影音在继续巩固本地影音播放性能的基础上，强势发展在线视频服务，丰富在线视频内容和功能，暴风影音为用户提供了中国最大的在线视频库，能够为用户提供包括新闻、电影、电视剧、综艺、体育等几乎所有的互联网视频的点播、直播服务；同时，暴风影音通过软件自身的优化，为用户提供了最快最流畅的在线视频服务。

暴风影音聚合了包括土豆、优酷、搜狐、新浪等国内众多知名网站的视频资源，提供了超过了 2600 万个的视频内容库，让暴风的在线视频点播功能异常的强大，用户无需在众多的视频网站中搜寻自己想看的视频资源，只要拥有暴风影音就可以在最短的时间里轻松的找到相应的视频内容。如图 6－22 所示。

图 6－21

图 6－22

使用暴风影音观看在线视频，在视频资源窗口中找到想看的视频资源后，直接单击，几乎没有缓冲，无需等待，一点即播，由于引用的都是专业视频网站的视频资源，如土豆、优酷等，因此播放效果和专业视频播放网站一样出色。

四、本地播放

作为中国影音播放领域的领头羊，暴风影音作为万能播放器被广大的网友所认可，这都得益于暴风影音强大的本地影音播放性能。

1. 最全面的影音格式支持

经过长期的积累，暴风影音已经能够支持 700 多种影音文件格式，用户无需担心使用暴风影音会遇到什么无法播放的影音格式文件。

另外，暴风影音在添加非媒体格式文件时，如文本文件、图片格式文件、压缩文件等格式时会在下侧状态栏给出正确的有帮助的文件类型信息。

2.播放列表的自动隐藏

默认设置下，用户很少看见暴风影音的播放列表，为了美观，暴风影音将播放列表自动隐藏了起来，用户可以单击播放窗口右侧的小按钮打开或者隐藏播放列表。如图 6-23 所示。

图　6-23

3.最小界面模式，真正影院效果

为了给用户更加逼真的影院效果，暴风影音在播放影片时除了提供将视频窗口切换至全屏状态或者按比例显示外，还提供了“最小界面”的显示效果，可以隐去播放器单单只显示播放画面，如图 6-24 所示。

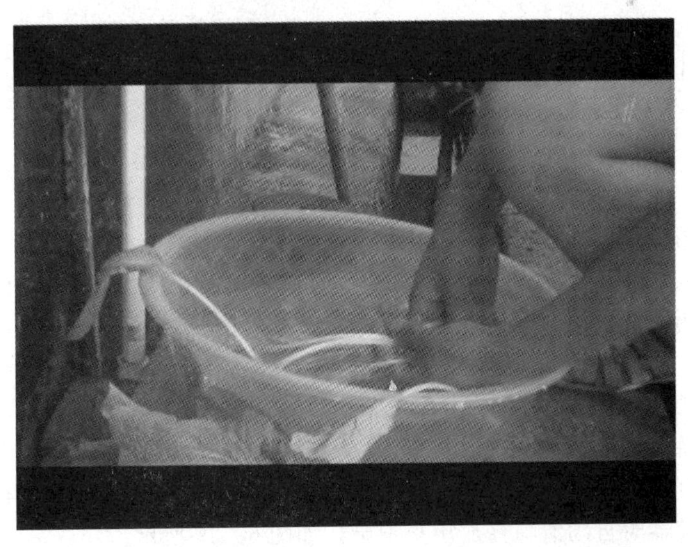

图　6-24

4.灵活多样的选项设置

暴风影音默认设置下是开机自动运行，因此每次开机你都会发现在系统右下角的桌面托盘区的暴风影音程序图标，如图 6-25 所示，双击该图标即可调用暴风影音主程序，当然用户也可以右键单击该程序图标，在右键菜单中选择相应操作。另外，关闭暴风影音时程序默认是最小化显示在系统托盘区，用户需要右击系统托盘区图标选择退出才能真正退出暴风影音程序。

图 6-25

为了更高效的使用暴风影音，用户可以在暴风影音的高级选项中的“综合设置”下取消默认的“开机自动运行暴风影音”、“运行暴风影音时自动弹出暴风影视”和“关闭暴风影音时最小化到系统托盘区”3个选项前的勾选，同时用户可以在此勾选“取消播放时赞助商推荐内容”、“继续播放上次未完成的列表”、“播放播放器时自动清空列表”以及“全屏播放结束后返回窗口模式”等选项，打造自己喜欢的高效的操作模式。如图6-26所示。

5. 高效的快捷操作

暴风影音同样提供了丰富的快捷键，并且支持用户自定义，用户除了通过传统的操作方式外可以使用快捷键快速而高效的实现各项操作。如图6-27所示。

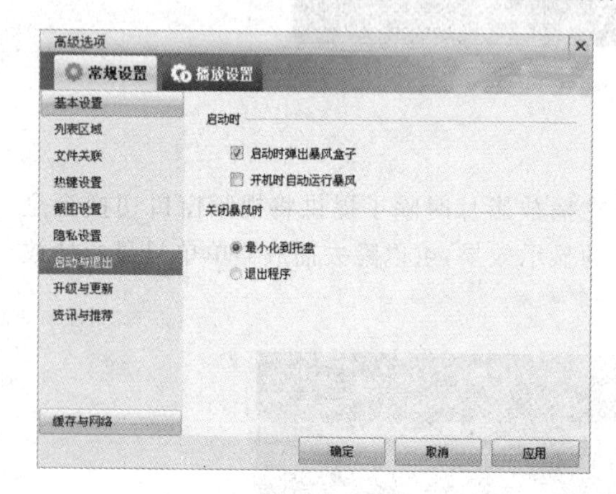

图 6-26

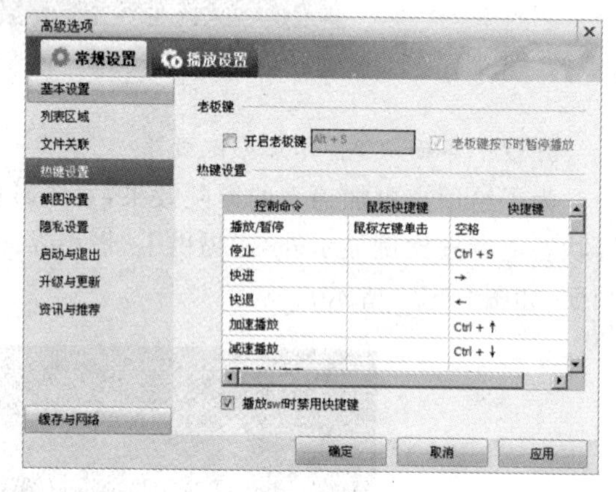

图 6-27

6. 实用的截图功能

暴风影音加入“截图”功能，用户在播放视频时单击截图快捷方式“F5”即可轻松而快速地将视频内容保存为图片。用户还可以在程序高级选项下的“其他设置”选项中自定义截图的保存路径等。如图6-28所示。

7. 贴心的痕迹清理

暴风影音支持播放痕迹的清理，用户可以单击播放窗口顶部的“主菜单”按钮打开操作选项，用户可以弹出的操作选项中选择“打开最近播放”，选择“每次播放器时自动清除”选项，即可在每次退出播放器时自动清除播放历史记录。如图6-29所示。

另外，对于正在播放的视频文件，用户可以设置退出时自动记录或者自动清除退出主的播放进度，满足用户的个性化需求，如图6-30所示。

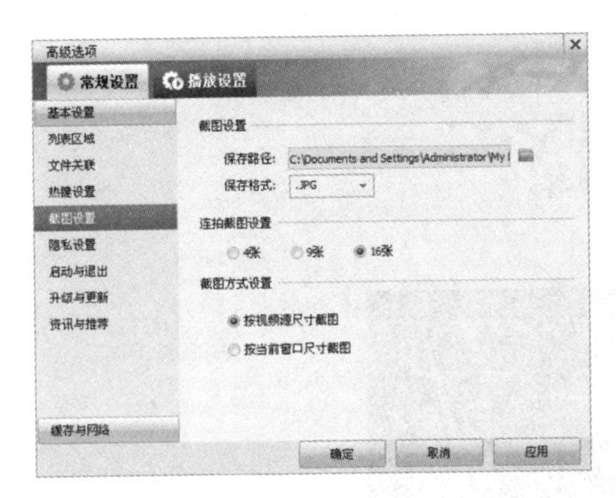

图　6-28

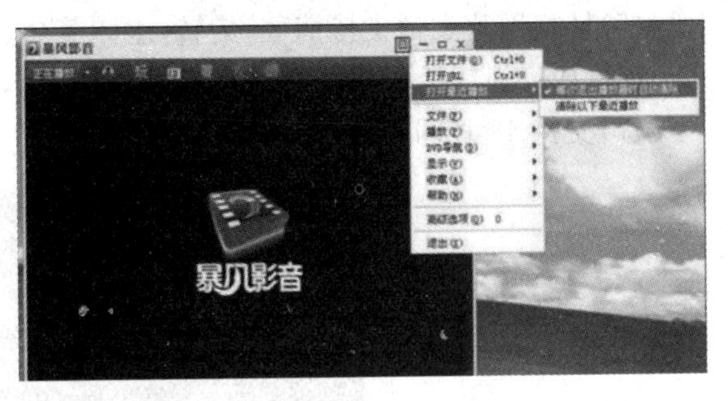

图　6-29

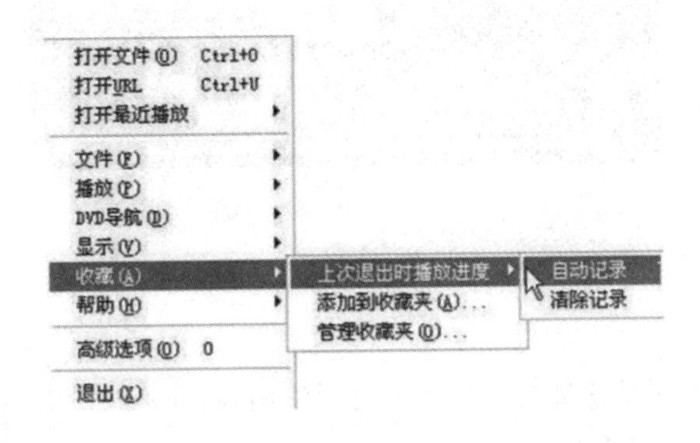

图　6-30

任务三　音视频转换工具——格式工厂

对于我们日常中使用到的音频或视频文件通常都拥有不同的格式类型，而不同的硬件设备也同时匹配着一些不同的格式文件，如果要想这些不同的格式类型的文件能在硬件设备上进行播放的话，只有将这些文件进行转换才可以进行播放，怎么样才能快速有效的对其进行转换呢？

一、软件简介

格式工厂是万能的多媒体格式转换软件(见图6-31)，提供以下功能：所有类型视频转到MP4/3GP/MPG/AVI/WMV/FLV/SWF；所有类型音频转到MP3/WMA/AMR/OGG/AAC/WAV；所有类型图片转到JPG/BMP/PNG/TIF/ICO/GIF/TGA。抓取DVD到视频文件，抓取音乐CD到音频文件。MP4文件支持iPod/iPhone/PSP/黑霉等指定格式。源文件支持RMVB。

格式工厂的特长：

(1)支持几乎所有类型多媒体格式到常用的几种格式；

(2)转换过程中可以修复某些损坏的视频文件；

(3)多媒体文件减肥;

(4)支持 iPhone/iPod/PSP 等多媒体指定格式;

(5)转换图片文件支持缩放,旋转,水印等功能;

(6)DVD 视频抓取功能,轻松备份 DVD 到本地硬盘;

(7)支持 48 种国家语言。

图 6-31

二、软件安装

格式工厂在使用前须对其进行安装才可进行使用,软件须按照提示进行安装,软件安装过程如图 6-32～图 6-35 所示。

三、软件使用

格式工厂在安装完毕后,双击桌面图标即可启动软件,软件在启动完毕后即可显示软件界面,格式工厂界面非常简单,如图 6-36 所示。

如果我们要对其进行视频格式转换的话,点击软件左侧功能列表视频即可,在其功能选项中我们首先要选择要输出的移动设备,在其设备类型中我们要设置所要转换的视频尺寸大小,如图 6-37 所示。

图 6-32

图 6-33

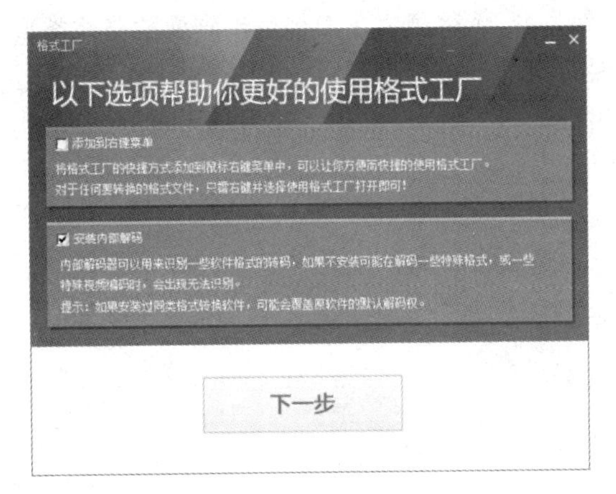

图　6-34

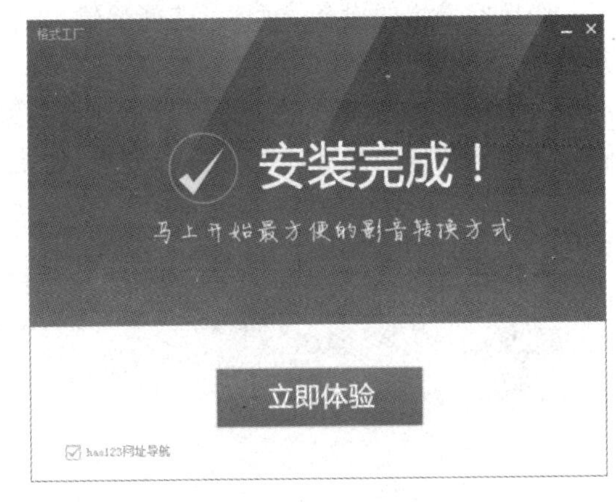

图　6-35

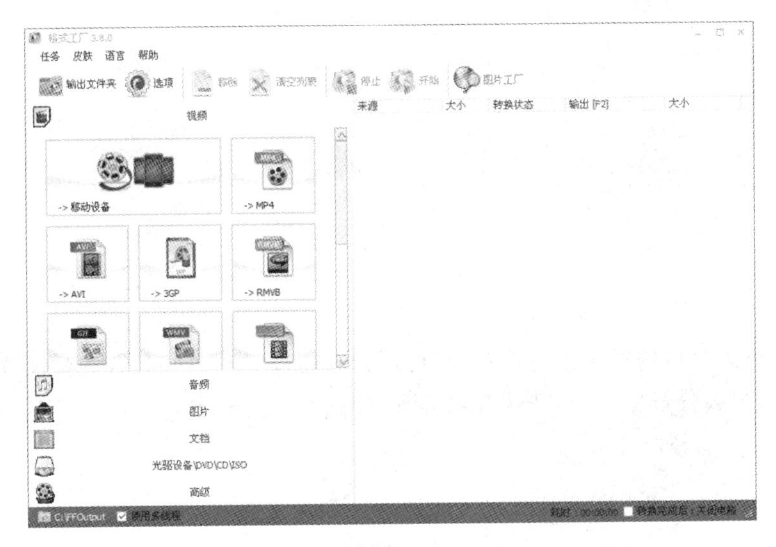

图　6-36

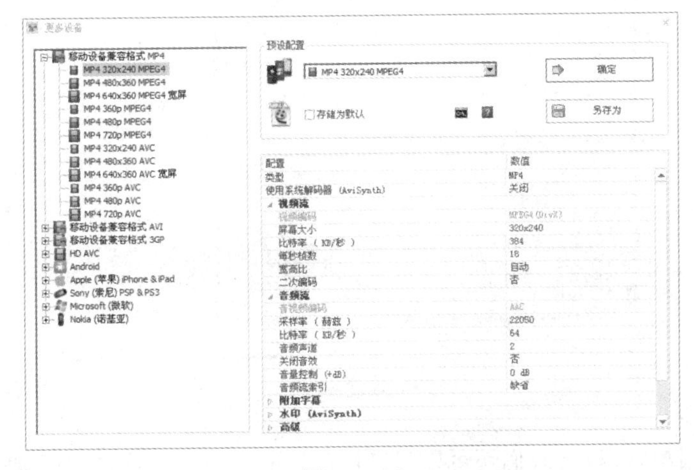

图　6-37

选择好输出的设备类型后，选择要输出的文件类型，软件提供了多种可以转换的格式类型分别有 AVI，3GP，MPG 等格式类型，选择我们要转换的合适类型即可，如图 6－38 所示。

在选择了要转换的格式类型后软件即会跳出提示窗口，虽然选择了输出格式类型，但是我们还要对其输出中的一些配置进行设置，如图 6－39 所示。

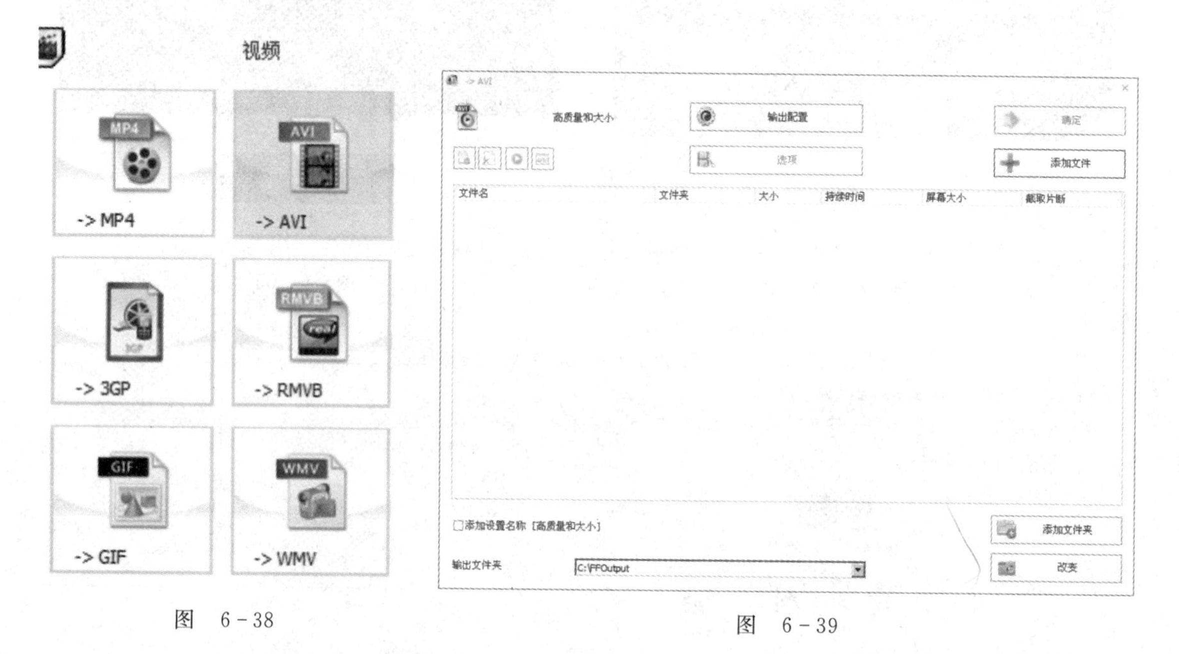

图　6－38　　　　图　6－39

点击软件跳出窗口的输出配置按钮，即可对视频转换时的一些参数进行设置如帧数大小，视频编码类型，视频分辨率大小，视频音量等等，如图 6－40 所示。

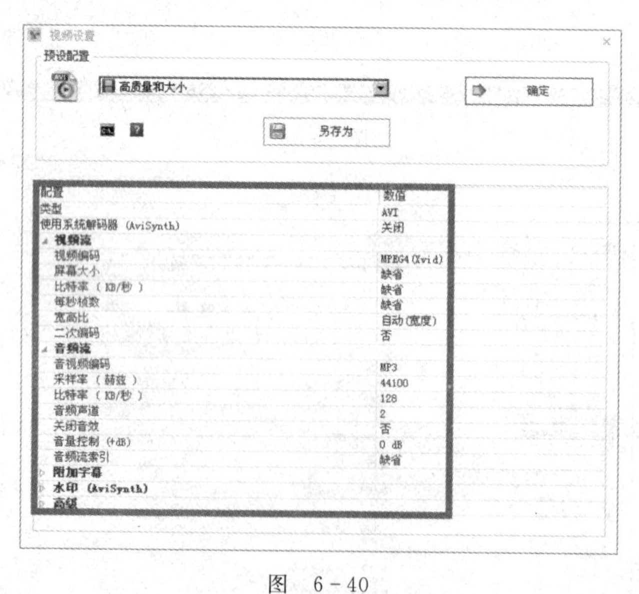

图　6－40

在进行了输出配置以后，我们还可以点击窗口处的选项菜单选择裁剪，我们可以对视频进行相应的裁剪,图中红色方框处即为裁剪后的视频区域,如图 6 - 41 所示。

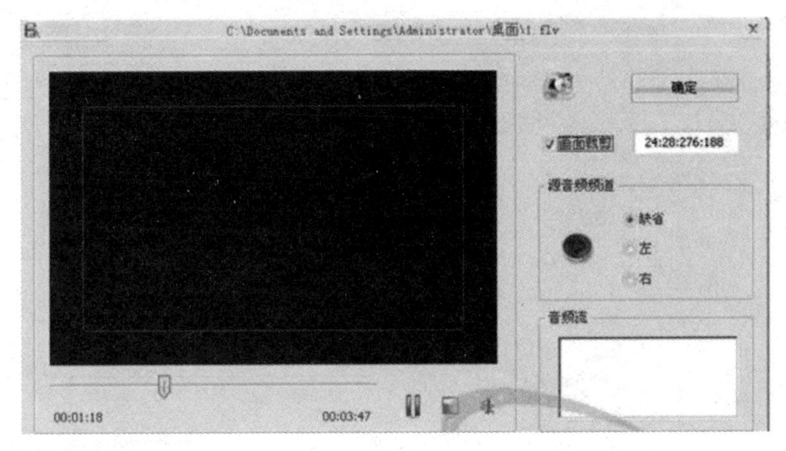

图　6 - 41

除了以上的设置以外,我们还需对视频转换后的输出目录进行设置,也可以选择默认设置,如图 6 - 42 所示。

上面讲的是视频转换方法,格式工厂还提供了音频转换,转换方法同视频转换方法相同,更有趣的是该软件还提供图像格式转换,其中格式有 PNG,GIF,ICO 等 10 几种格式,如图 6 - 43 所示。

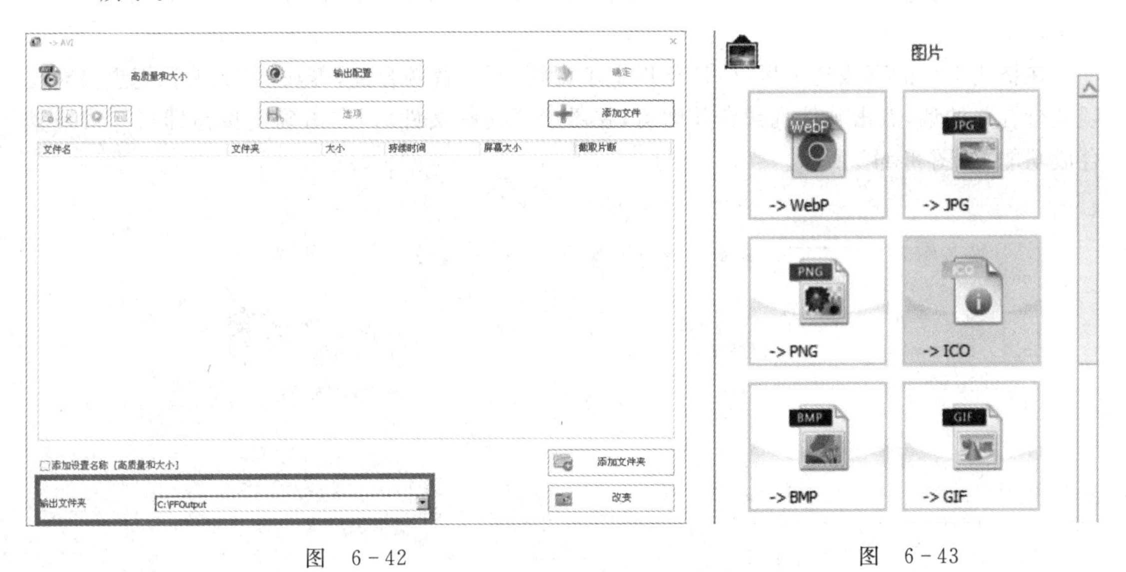

图　6 - 42　　　　图　6 - 43

我们只需要选择要转换的格式类型即可,软件即会自动跳出提示窗口提示用户进行操作,如图 6 - 44 所示。

同样该软件也提供了详细的输出配置,我们只需要点击输出配置按钮,即可在跳出的设置窗口对图片进行大小,角度的调整,如图 6 - 45 所示。

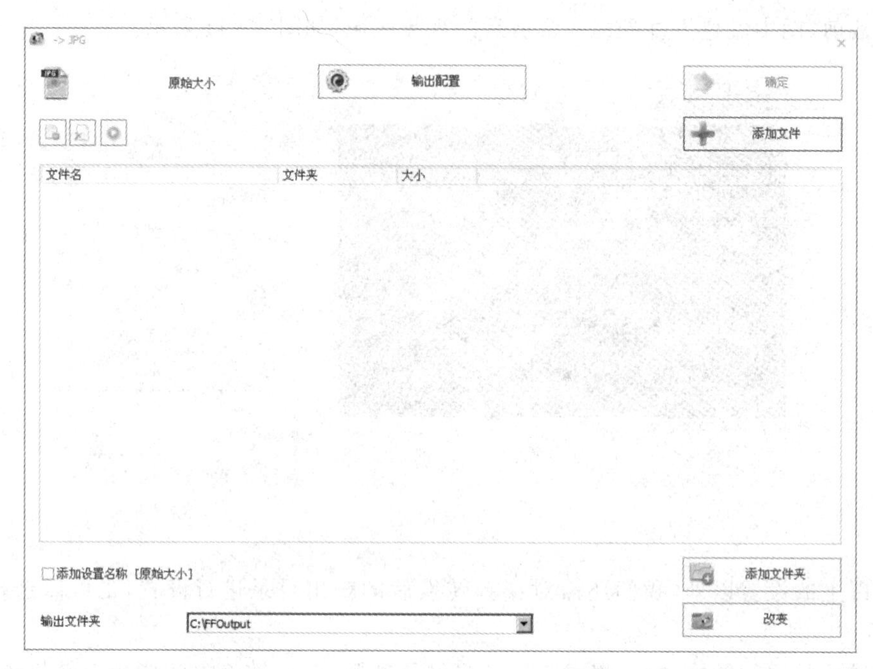

图 6-44

该软件还提供了 DVD/CD/ISO 文件转换功能，只要选择好相应的转换格式即可，如图 6-46 所示。

在格式工厂的高级选项里，软件还提供了视频合并，音频合并，等功能，如果我们想要对视频进行合并的话，点击软件视频合并即可，在添加了视频文件后，点击确定按钮即可完成视频合成功能，如图 6-47 所示。

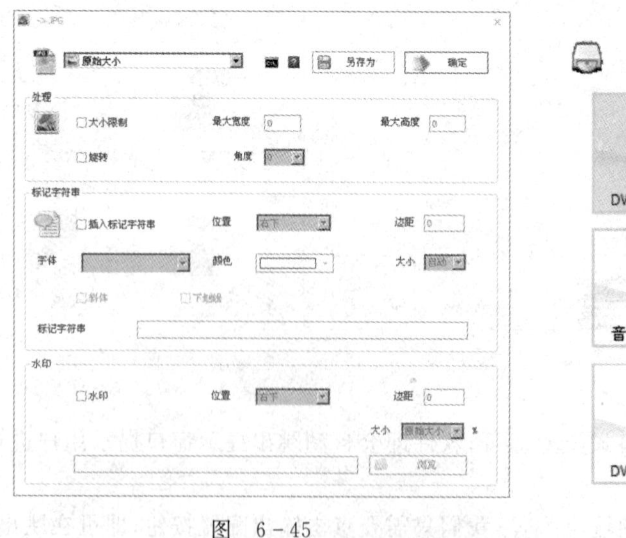

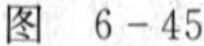
图 6-45

图 6-46

在进行合并之前，我们同样也可以点击高质量和大小选项来对合并的视频进行参数设置，如帧数大小，视频分辨率，音频编码等等，如图 6-48 所示。

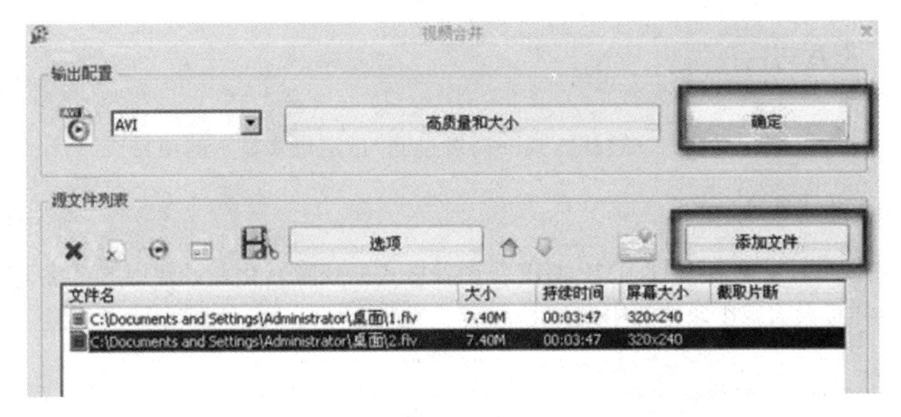

图　6-47

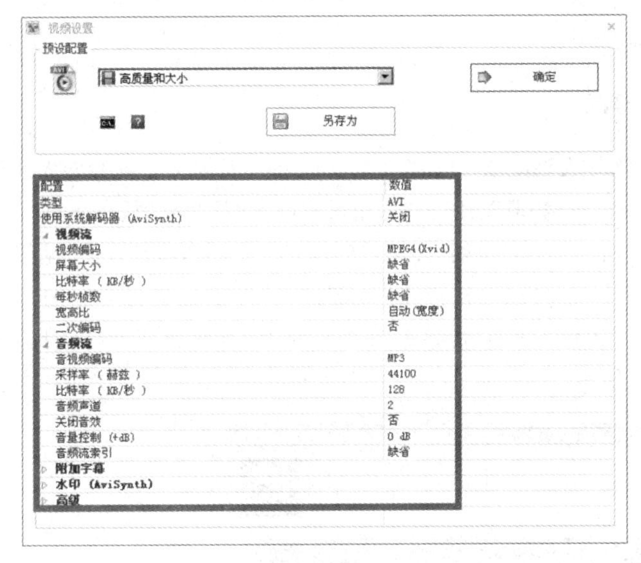

图　6-48

任务四　超级图像浏览器——ACDSee

现在拥有数码相机的朋友越来越多，在外出旅游后，你是不是拍了许多数码相片呢？许多朋友都是把照片保存到电脑中，以后通过电脑慢慢的欣赏，那么如何把这些照片导入到你的电脑中，同时方便地对其进行管理、浏览及生成数码相册呢？ACDSee是一款集图片管理、浏览、简单编辑于一身的强大图像管理软件，对于一般的个人用户来说，该软件完全能够胜任你管理、浏览数码照片，同时还可以对一些拍的不理想的数码照片进行简单的编辑。

一、选择图片

课件制作、文稿演示都离不开选择图片，而看图是ACDSee的看家本领。

我们可以通过点击“视图→过滤方式→高级过滤”指定想要显示的项目。

二、图像格式转换

ACDSee 可轻松实现 JPG,BMP,GIF 等图像格式的任意转化。最常用的是将 BMP 转化为 JPG,这样可大大减小课件的体积。

该操作支持批量转换文件格式:按住“Ctrl”点选多个文件,然后点击“工具→转换文件格式”,选择转换的相应命令。

三、数码照片的导入

照片拍摄完成后需导入到电脑中才能浏览,ACDSee 提供了完善的导入照片服务。运行 ACDSee,然后依次点击“文件”→“获取照片”→“从相机或读卡器”菜单项,在弹出窗口中点击“下一步”按钮,选择导入设备后点击“下一步”按钮,即可看到内存卡中的所有照片了,见图6－49。

选择要导入的照片,也可以直接点击“全部选择”按钮来选择全部的照片,点击“下一步”按钮,在这里可以选择使用模板重命名导入的文件名,点击“编辑”可以在打开窗口中编辑文件名的模板。如图 6－50 所示。

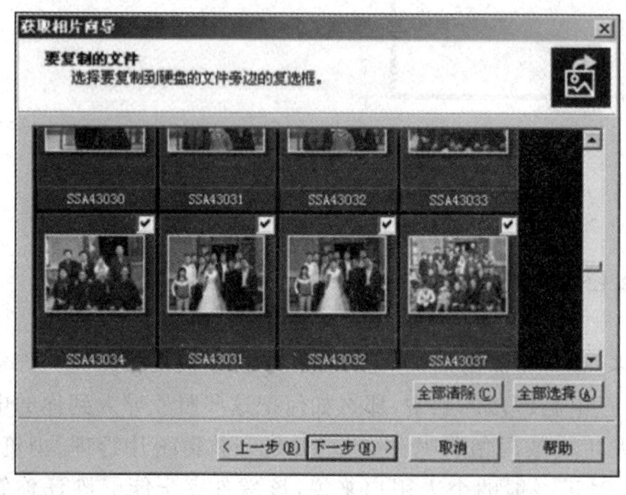

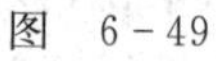
图　6－49

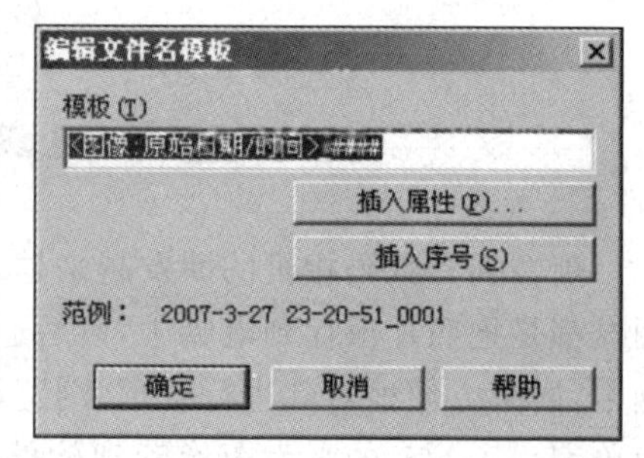

图　6－50

这样导入的文件就按模板的方式来进行重命名,为你以后管理数码照片提供了方便。

四、获取图像

截取屏幕图像:ACDSee 显然不像 HyperSnap 那么专业,但截取桌面、窗口或选中的区域还是力所能及的事。点击“工具”→“屏幕截图”，按需要选择，并点击“开始”按钮，然后按要求操作即可。

五、浏览数码照片

把数码照片导入到电脑后，就可以使用 ACDSee 对其进行浏览了。直接双击照片，即可使用 ACDSee 快速查看器打开照片，在这里只是提供了浏览、翻转、放大缩小及删除等基本功能，所以使用快速查看器可以为你提供前所未有的照片显示速度，让你能够快速浏览所有的数码照片。如图 6－51 所示。

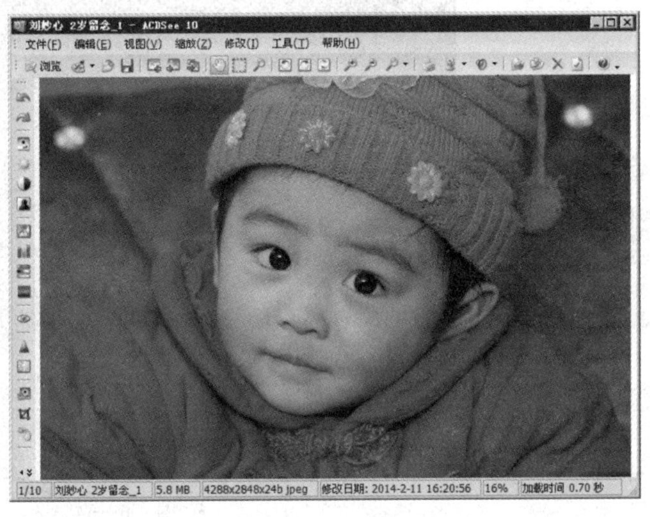

图　6－51

在快速查看模式下双击图片，或是点击右上角的“完整查看器”按钮，即可切换到 ACDSee 完整查看模式。如图 6－52 所示。

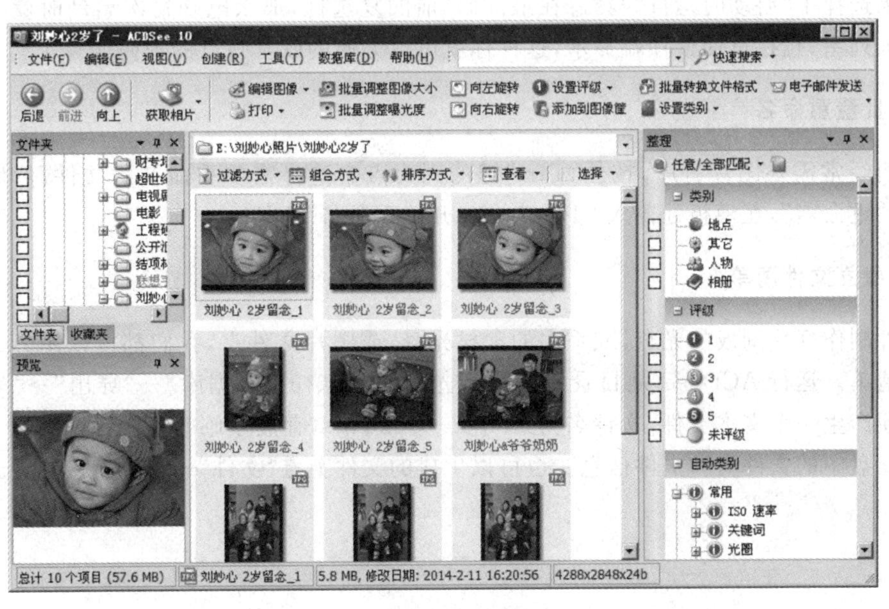

图　6－52

在这里提供了 ACDSee 浏览照片的所有功能，你可以通过右上角的“文件夹”窗口来同时选择多个文件夹，使文件夹内的照片同时在浏览区域显示，这样就免除了切换目录的麻烦。如图 6－53 所示。

可以通过浏览区域顶部的各种不同查看方式，来快速定位你的数码照片，使你更加方便地找到自己需要的照片，快速方便的对其进行浏览。

另外 ACDSee 还提供了“照片陈列室”功能，可以让你的照片在桌面上显示。如图 6－54 所示。

图 6－53

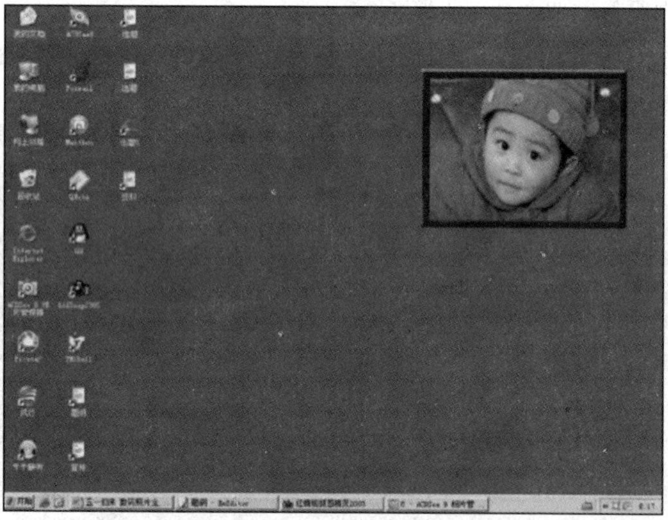

图 6－54

通过照片陈列室的选项窗口，可以设置陈列室中照片的播放速度、顺序及转场等，另外还可以设置照片的透明度、大小及边框。如图 6－55 所示。

如果选择了“启动时运行”与“总在最前面”前的复选框，那么电脑每次启动时就会自动运行照片陈列室，且在桌面最顶端显示，这样你就可以方便的欣赏自己的数码照片了。

六、批量重命名

我们经常需要图片有序，按住“Ctrl”键的同时点击选择需要重命名的文件，然后点击右键，选择“重命名”，在模板处输入“ 1 ＃” ，点“开始重命名”即可。

七、建立文件清单

课件制作好后刻成的光盘，或手中的素材光盘，或图片文件夹，我们都可以用 ACDSee 制作文件清单。运行 ACDSee，从目录树中找到光盘，从菜单的“数据库”→“导出”→“生成文件列表”，便产生一个文本文件，文件名为 Folder－Contents，存放于临时目录 TEMP 下，该文件记录了光盘中的文件夹和文件信息。也可以生成的文件上点“文件”→“另存为”存放到相应的地方。

八、声音的预听

在制作课件时，用 ACDSee 选择一个恰当的声音显得非常方便：用鼠标选择一个声音文件，在预览区便出现播放进度条和控制按钮，MP3、MID、WAV 等常用的格式它都支持。

九、影片的预览

ACDSee 能够在媒体窗口中播放视频文件，并且可适当地提取视频帧并将它们保存为独立的图像文件。在文件列表中，双击一个多媒体文件可以打开媒体窗口，播放提取都很简单。

十、管理数码照片

如果你一次拍摄了大量的数码照片，以后只想浏览其中的一部分而非全部数码照片，怎么样才能够快速定位到自己需要的数码照片呢？ACDSee 提供了强大的数码照片管理功能，可以使你方便、快速的找到自己需要的数码照片。

1. 日历事件 按时间浏览

AcdSee 提供了日历事件视图，日历事件提供了多种视每次导入图片为一个事件，可以直接拖动图片为事件设置缩略图，还可以为事件添加事件描述，这图查看模式，可以按事件、年份、月份及日期查看，如图 6－56 是按事件查看视图，ACDSee 以样就可以通过事件视图来快速定位某次的导入图片了。

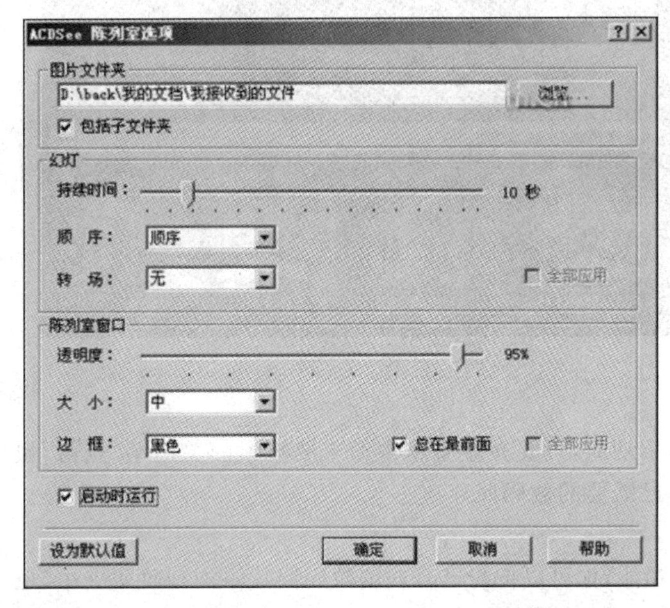

图 6－55

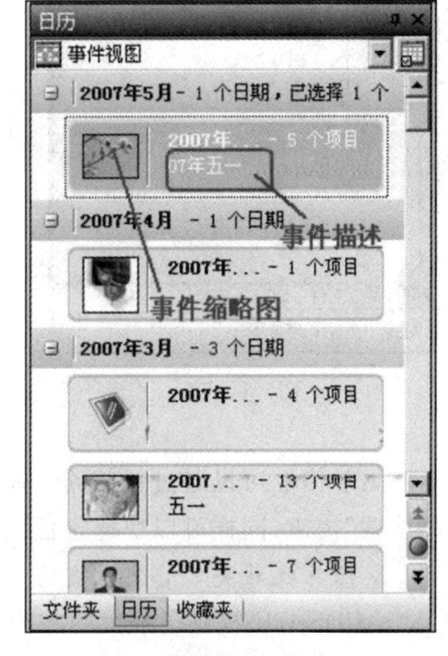

图 6－56

另外通过年份、月份或日期事件，可以快速定位到某个时间导入的照片，这样就可以通过时间来快速定位自己需要查看的照片。

2. 按照片属性准确定位照片

你还可以为拍摄的数码照片添加属性，为其设置标题、日期、作者、评级、备注、关键词及类别等。如图 6－57 所示。

通过这些设置选项，就可以通过浏览区域顶部的过滤方式、组合方式或是排序方式来进行准确定位，会按照每张图片的属性进行排列，通过这种方式可以快速且准确的定位到自己需要的数码照片上。如图 6－58 所示。

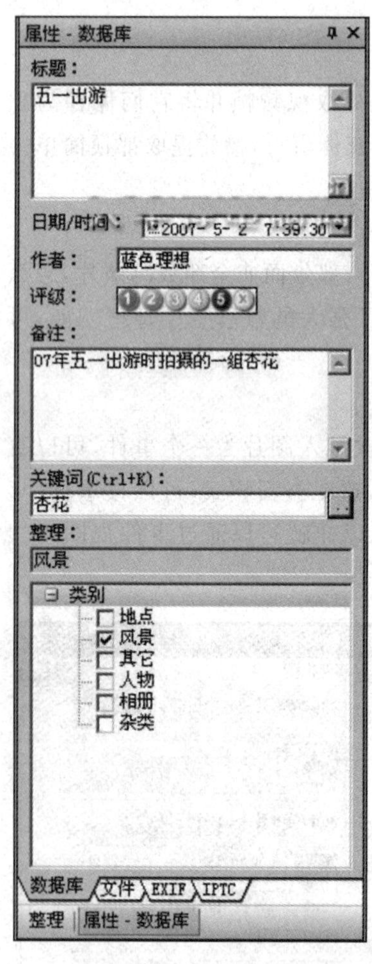

图 6－57

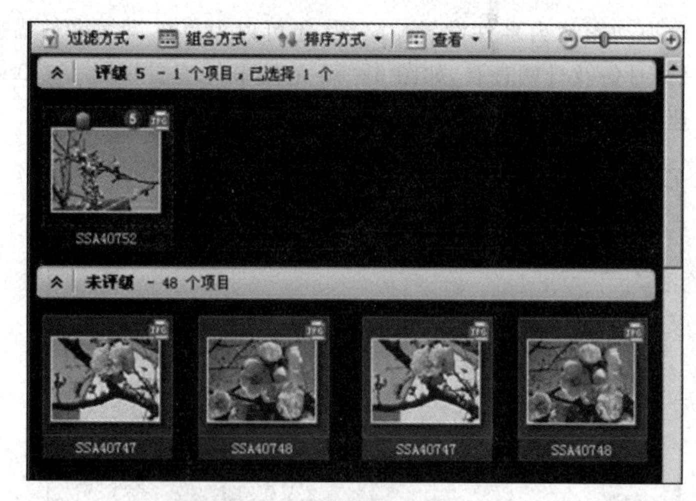

图 6－58

另外你也可以通过顶部的快速搜索功能，只要在搜索框中输入要搜索的关键字，点击“快速搜索”按钮，同样可以快速定位到自己需要的数码照片。

3. 照片收藏夹——省时省力

ACDSee 还提供了强大的收藏夹功能，你可以把自己喜欢的数码照片添加到收藏夹中，也可以把照片直接拖动到收藏夹内。如图 6－59 所示。

当你以后想浏览的时候，只需要点击收藏夹中的相应文件夹，就可以在浏览区域快速查看该收藏夹中的照片了。

4. 隐私文件夹 保护照片安全

如果你拍摄的数码照片不想让其他人看到，只是自己来浏览，为了保护这些数码照片的安全，你可以创建自己的隐私文件夹，把这些照片添加到隐私文件夹中，并为其设置密码，只有在输入密码后方可打开该隐私文件夹，这样其他人就不能够看到你的隐私照片了。如图 6-60 所示。

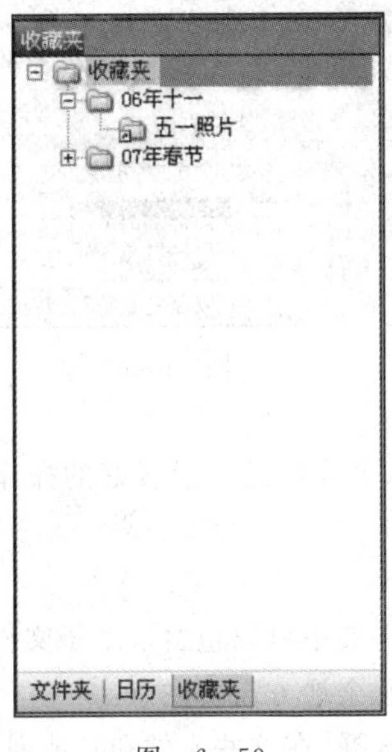

图　6-59

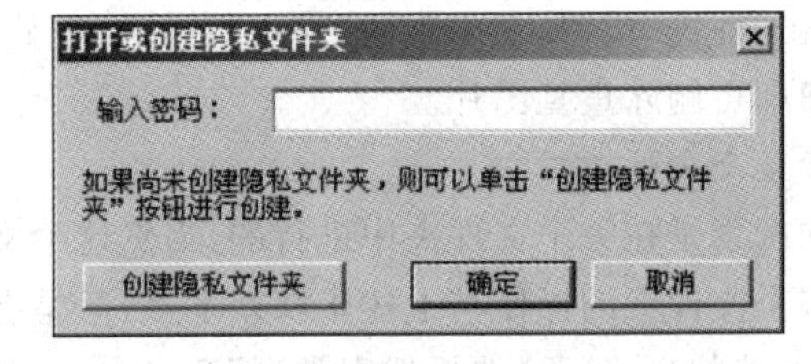

图　6-60

十一、用 ACDSee 一网打尽硬盘里重复的图片

上网时看到喜欢的图片一般都会把它保存下来，时间长了，收集的图片多了，难免会出现重复，但是要手工从成千张图片中找出有哪些重复的简直就是不可能。现在就来介绍怎样利用 ACDSee 10.0 搜索重复图片。

1. 搜索单个文件夹

(1)打开 ACDSee 运行程序，单击“工具”菜单中的“查找重复项”命令，打开“重复项查找器”设置窗口。如图 6-61 所示。

(2)在“选择搜索类型”设置窗口中，单击“添加文件夹”，选择目标文件夹，然后选中“在这些列表中的文件中查找重复”项，如果包含子文件夹，还应该选中“包含子文件夹”，单击“前进”进入“搜索参数”。

(3)在“搜索参数”窗口中，选中“精确重复”选项，然后选中“仅查找图像”复选项，单击“前进”开始搜索。在这里一般不要选择“相同文件名”，因为有很多图片即使文件名称不同，它们的图像内容也是相同的。

(4)经过一段时间的搜索后即可得到搜索结果，从“搜索结果”窗口中的“副本集”后面的数字 60，我们可以看出本次搜索一共查到 60 组重复图片，在“副本集”中列出重复图片的文件名和重复文件数(括号中的数字)，单击其中一项，就可以预览此图片，并且在下方的文件列表中会列出文件的大小和路径，在图片上单击鼠标右键，你可以选择“打开”、“打开包含的文件夹”和“重命名”等操作，如果要删除其中的某些文件，单击文件前的小方框把它选中即可。如图 6-62所示。

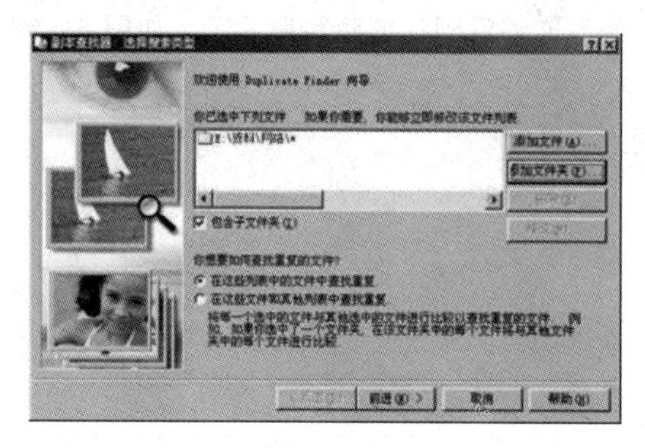

图　6-61

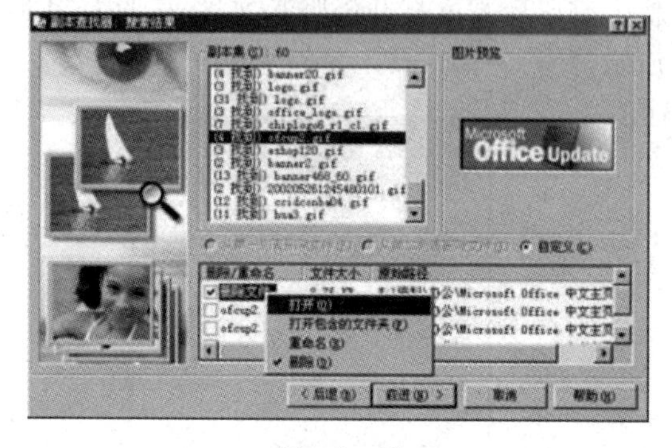

图　6-62

(5)单击“前进”按钮,在出现的“确认”对话框中显示了我们已经设置好的操作列表,单击“完成”按钮即可删除重复图片。

2.搜索多个文件夹

以上的搜索是在一个文件夹中进行的,当然这个文件夹中可以包含多个子文件夹,下面所说的搜索多个文件夹的操作与上述步骤差不多,但是有几个地方需要注意:

(1)在上述的步骤(2)“选择搜索类型”窗口中,需要选择“在这些文件和其他列表中查找重复”项,然后单击“前进”,会出现一个“第二文件列表”窗口,还是单击“添加文件夹”添加第二个文件夹。

(2)同样在“搜索结果”窗口中对应的“从第一列表删除文件”和“从第二列表删除文件”会变成可选项,你可以选择从哪个文件夹中删除重复图片,省去逐个图片文件的删除设置,比如选择“从第二列表中删除文件”,可把添加的第二文件夹中所有与第一个文件夹中重复的图片全部删除。

十二、图像照片的简单编辑

在拍摄数码照片的时候,总会有一些照片拍的不尽人意,这时就需要我们使用电脑对其进行处理,但是使用 PhotoShop 操作复杂,对于一般的菜鸟来说不易入手。其实 ACDSee 本身就带有简单的图像编辑功能,可以对图片进行简单的处理,用来弥补你在拍摄时的一些缺憾。

ACDSee 提供了曝光、阴影/高光、色彩、经眼消除、相片修复、清晰度等基本的编辑功能,操作非常的简单,只要打开 ACDSee 的编辑模式,然后选择右侧的编辑功能,即可在新窗口中对照片进行编辑,只要拖动右侧的滑块即可完成对图像的编辑操作。

在这里我们以阴影/高光为例来介绍一下 ACDSee 的编辑功能,选中图片,“右键→编辑→阴影/高光”,打开阴影/高光的编辑窗口,然后在右侧分别拖动调亮与调暗滑块,就可以在左侧的预览窗口看到对应的颜色变化(见图 6-63),当然了,也可以使用鼠标直接在照片上点击,来完成操作。如果你对当前编辑的效果不理想,只要点击“重设”按钮,即可自动回复到照片没有编辑前的状态。

通过简单的鼠标拖拉滑块,即可把你不满意的照片调整好,去除拍摄时的一些瑕疵,使你的照片看起来更加的漂亮。其它几个工具的操作也非常简单:

(1)裁剪:在教学中,裁剪是最常用的编辑功能,将扫描后图像的黑边去掉、将扫描图像中的电路图插入试卷等，都要用到裁剪。

选中图片，“右键”→“编辑”→“裁剪”，在裁剪面板中进行相应的操作即可，点击“完成→完成编辑”。

(2)调整大小：虽然在课件制作平台中也可以调整图像的大小，但运行时图像大小和实际大小不相同时，在演示时电脑要先处理后显示，会出现课件运行效率低的问题。在ACDSee中调整图像大小非常简单，点击工具栏的相关按钮，在弹出的对话框中输入百分比或重新指定图像的大小即可(别取消保持外观比率，否则会失真)。方法同上。

(3)旋转：从数码相机中拍摄的素材或扫描仪获得的图片会出现角度不合适的情况，此时就需要将图像进行旋转，这在ACDSee中易如反掌，右键“编辑”→“旋转”→“180度”→“完成”。

(4)翻转：在平面镜成像的课件中，若需要对称的两个物体，便可通过翻转去制作。右键“编辑”→“旋转”→“翻转”→“水平翻转”→“完成”。

(5)调节曝光：图片的亮暗不满足要求或为了某种效果，往往要改变图片的曝光量，在图片编辑器中很容易完成这种操作。

(6)添加文本：选中图片，右键→“编辑”→“添加文本”，在编辑面板中输入需要加入的文字，点击“完成→完成编辑”。

(7)水面效果：选中图片，右键→“编辑”→“效果”→“选择类别”→“所有效果”→“水面”，然后用鼠标双击“水面”选项，在编辑面板中进行调节，点击“完成”→“完成”→“完成编辑”。

(8)雨水效果：选中图片，右键→“编辑”→效“果”→“选择类别”→“所有效果”→“雨水”，然后用鼠标双击“雨水”选项，在编辑面板中进行调节，点击“完成→完成→完成编辑”。

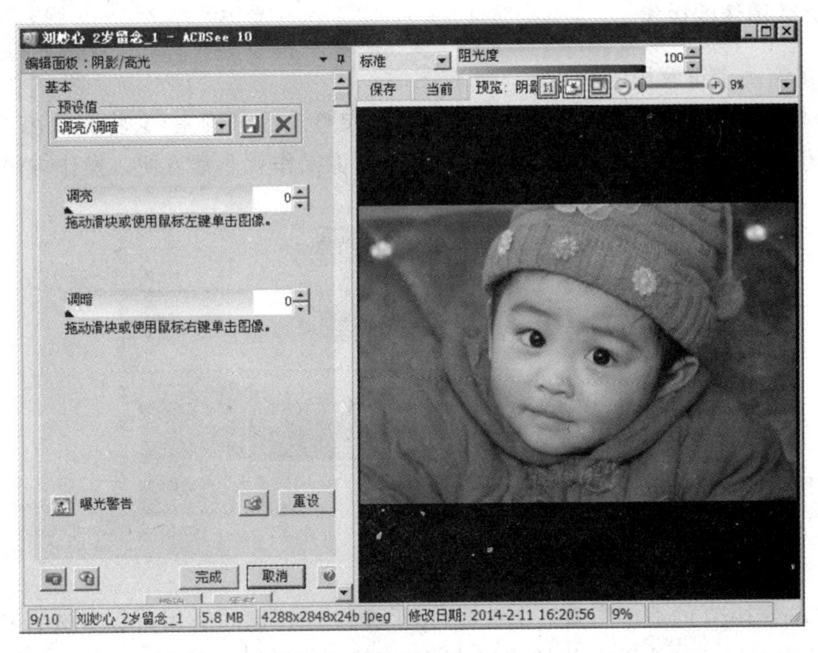

图　6-63

几个效果的操作也一样，在这里就不再赘述。

十三、快速修护有红眼的照片

ACDSee 10.0 中新增了相片的快速修复功能，例如一键消除红眼，你甚至不用直接去点击有问题的地方，只需要在红眼附近点一下，即可轻松去除红眼。如图 6－64 所示。

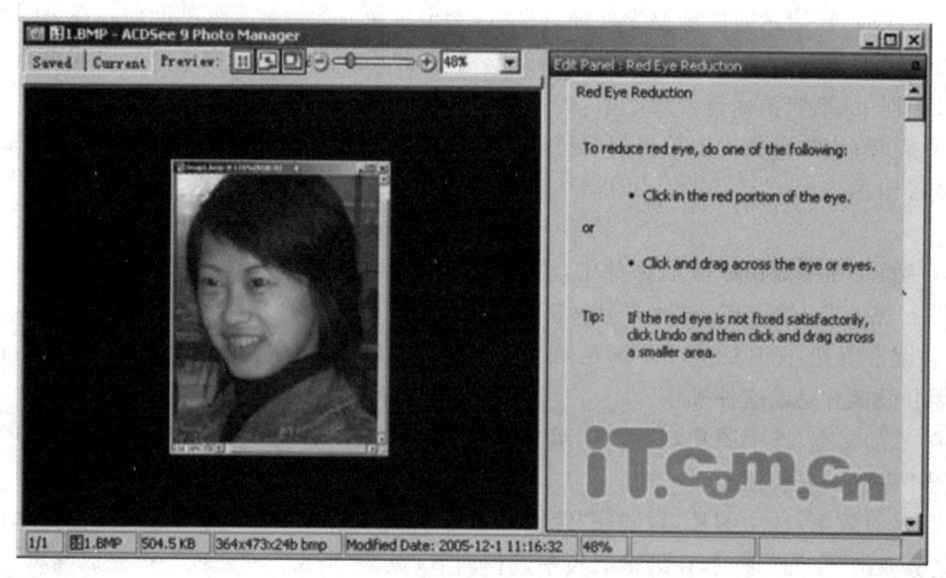

图 6－64

十四、比较图像的操作

ACDSee 有一个很有用的功能——比较图像。

我们的拍摄工作经常会得到一些相似的照片，在整理的过程中，会将有缺陷的照片(拍模糊的、人物闭眼的等)剔除。运用 ACDSee 的比较图像操作就非常方便。操作方法：

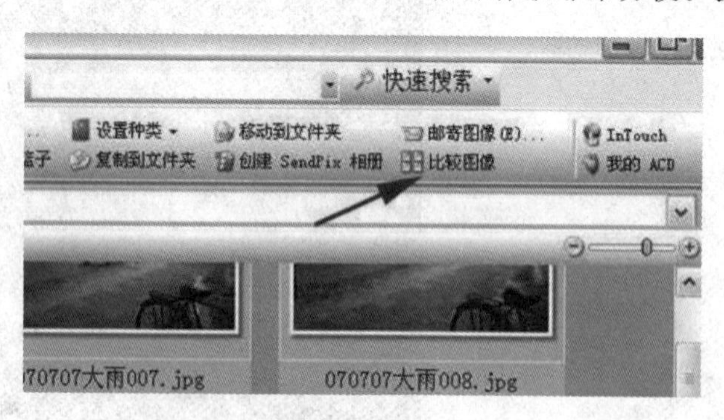

图 6－65

在 ACDSee 10.0 的缩略图窗口中选择(左手按住 Ctrl 键同时用鼠标点选)两三张需要比较的照片，选中以后菜单栏下面的按钮栏中的“比较图像”按钮(见图 6－65)。这时就打开了比较窗口。在按钮栏按下“移动锁定”按钮(见图 6－66)。这样用鼠标按住比较的图可以同步移动。用小键盘区的 / 键使图放大到 100％显示，或小键盘区的 ＋、－ 键放大或缩小显示图像操作。比较好以后可以在本窗口直接删除不保留的图像。

图　6-66

随着 ACDSee 版本的更新，它已经不是单纯的图像浏览软件，而是目前最流行的数字图象处理软件，它能广泛应用于图片的获取、管理、浏览、优化甚至和他人的分享！使用 ACDSee，你可以从数码相机和扫描仪高效获取图片，并进行便捷的查找、组织和预览。超过 50 种常用多媒体格式被一网打尽！作为最重量级看图软件，它能快速、高质量显示您的图片，再配以内置的音频播放器，我们就可以享用它播放出来的精彩幻灯片了。Acdsee 还能处理如 Mpeg 之类常用的视频文件，生成图片的电子相册。此外 ACDSee 是您最得心应手的图片编辑工具，轻松处理数码影像，拥有的功能像去除红眼、修杂点、剪切图像、锐化、浮雕特效、曝光调整、色彩调整、旋转、镜像等等，还能进行批量处理图像大小、格式、重命名、改 EXIF 信息等等！ACDSee PowerPack 版本包括：支持 ZIP，RAR，ACE，ARJ，UUE 等多种压缩格式。

十五、数码照片的保存与共享

数码照片保存在电脑上，只能使用电脑才可以欣赏，如果要与其他人一起共享你拍摄的数码照片，你可以把这些数码照片打印出来，或是把其制作成 VCD 光盘，或是制作成的幻灯片，这样就可以更加方便的浏览数码照片，同时可以一边欣赏音乐一边浏览自己喜欢的数码照片了。

1. 多种形式的打印布局

虽然 Windows 也提供了打印功能，可以把你的数码照片打印出来，但是却只能在一张纸上打印一个数码照片，这样既浪费纸张，同时也不美观。ACDSee 提供了多种形式的打印布局，允许用户在一张纸上按多种形式进行打印，使打印结果更满足你的需要。

打开 ACDSee 的打印窗口，在这里我们可以在左上角选择打印布局，如整页、联系页或布局等，接着在下面选择布局的样式，这时可以在中间的预览窗口实时看到最终的打印结果预览图，同时在右侧设置好打印机、纸张大小、方向、打印份数、分辨率及滤镜等，设置完成后点击打印按钮，即可按我们的设置打印输出。如图 6-67 所示。

2. 创建幻灯片

我们还可以把自己的数码照片制作成幻灯片，这样就可以一边欣赏音乐一边来自动播放数码照片了。

依次点击“创建/创建幻灯放映文件”菜单，在打开窗口中选择要创建的文件格式，其中包括独立放映的 EXE 格式文件，屏幕保护的 SCR 格式文件及 Flash 格式文件，然后添加要制作幻灯片的数码照片，接着设置好幻灯片的转场、标题及音乐等，接着对幻灯片选项进行设置，最后设置好保存幻灯片的位置，即可完成幻灯片的创建。如图 6－68 所示。

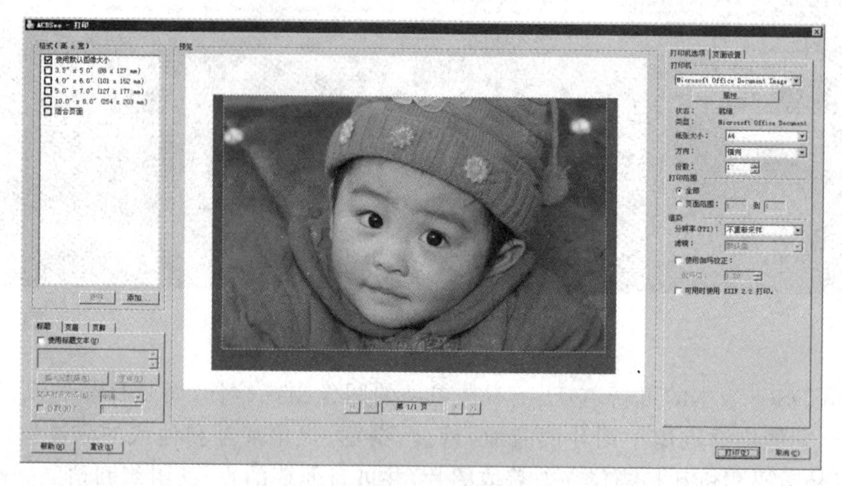

图　6－67

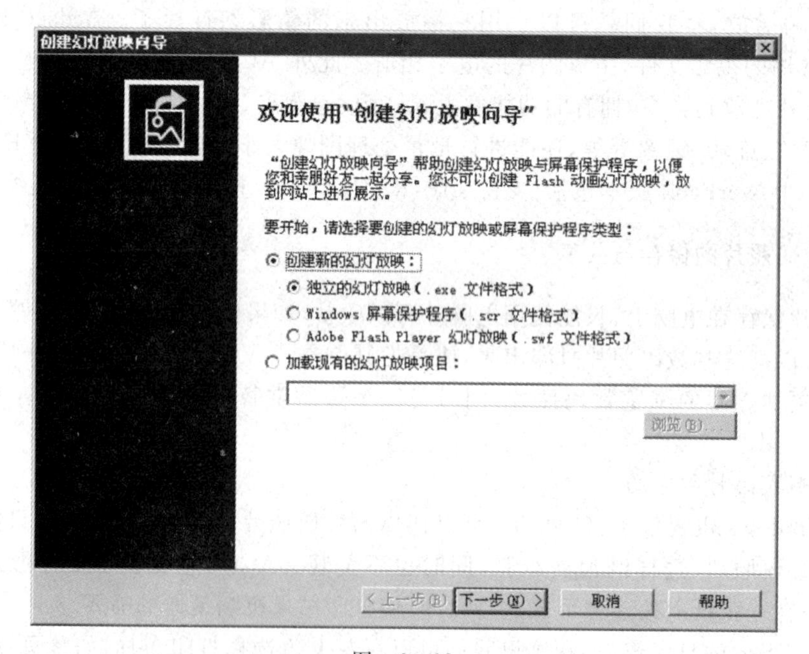

图　6－68

3. 创建视频或 VCD 光盘

我们还可以把拍摄的数码照片制作成 VCD 或 DVD 光盘，这样就可以在电视上欣赏你拍摄的数码照片了。

依次点击"创建/创建视频或 VCD"菜单项，接着在打开窗口中添加要创建的数码照片，然后设置好数码照片前的转场及播放的背影音乐，最后设置好创建文件的保存位置，点击"创建"按钮，就可以制作出一个非常精美的 VCD 视频了，把其刻录到光盘上就可以在电视上播放了。如图 6－69 所示。

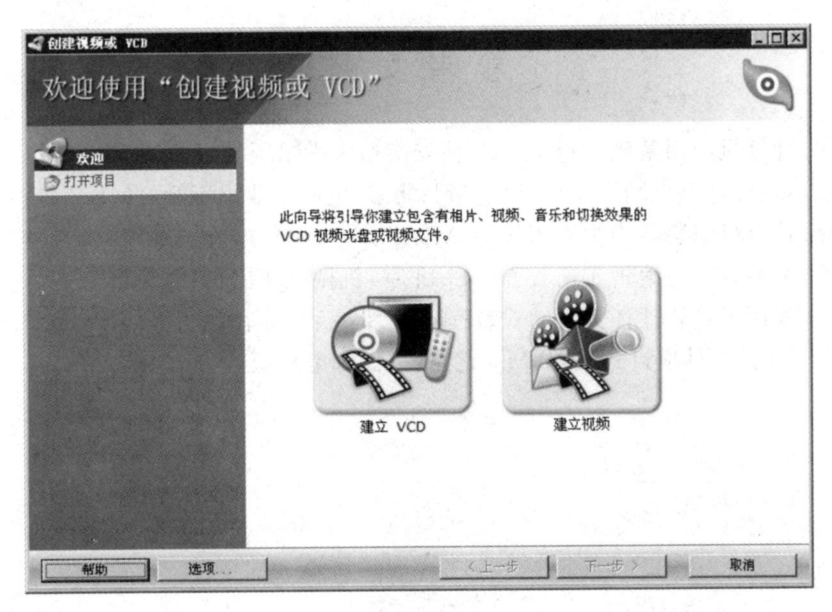

图　6－69

另外还可以把数码相片制作成 HTML 相册、PDF 文件及文件联系表等，这样就可以把你的数码照片制作成形式多样、丰富多彩的相册或视频文件，与其它人一起来分享你的喜悦。

参 考 文 献

[1] 李红军.计算机应用基础[M]. 西安:西安交通大学出版社,2009 年.
[2] 诸海生,董震.计算机网络应用基础[M].北京:电子工业出版社,2006 年.
[3] 谭卫泽.计算机组装与维护实用教程[M].北京:人民邮电出版社,2015 年.
[4] 宋福英.文字录用与编辑实训教程[M].北京:机械工业出版社,2011 年.
[5] 陈承欢.实用工具软件任务驱动式教程[M].北京:高等教育出版社,2014 年.
[6] 翟乃强 .办公软件项目式教程[M].北京:人民邮电出版社 2015 年.